小窗幽记选

（明）陈继儒 ◎ 著　顾豫葭 ◎ 选编

名师批注

无障碍阅读

有声伴读

原创手绘

北方妇女儿童出版社

图书在版编目（CIP）数据

小窗幽记选 / (明) 陈继儒著 ; 顾豫葭选编. -- 长春 : 北方妇女儿童出版社, 2021.1

（悦享丛书）

ISBN 978-7-5585-5250-2

Ⅰ. ①小… Ⅱ. ①陈… ②顾… Ⅲ. ①人生哲学—中国—明代 Ⅳ. ①B825

中国版本图书馆CIP数据核字(2021)第005228号

小窗幽记选
XIAOCHUANGYOUJI XUAN

出 版 人	师晓晖
责任编辑	耿 皓
装帧设计	旧雨出版
开　　本	787 mm × 1092 mm　1/16
印　　张	20
字　　数	480千字
版　　次	2021年1月第1版
印　　次	2023年1月第1次印刷
印　　刷	北京市兴怀印刷厂
出　　版	北方妇女儿童出版社
发　　行	北方妇女儿童出版社
地　　址	长春市福祉大路5788号
电　　话	总编办：0431-81629600

定　　价 50.80元

前言

Preface

德国诗人歌德说过：“读一本好书，就等于和一位高尚的人对话。”阅读中外文学名著，简直就是在和一位文学大师对话。他们创作的名著，纵贯古今，横跨中外，大浪淘沙，沙里淘金，成为全人类共同的宝贵财富。

名著是历史的回音壁，是自然的旅行册。它可以拉近古今的距离：我们阅读名著可以探访在时间长河中和我们擦肩而过的人，看看他们怎样面对生活。它可以缩短地域间的距离：我们阅读名著便可足不出户而卧游千山万水，体察各地的风土人情。

名著是全人类智慧的结晶，那里面充满了智者的箴言。谁读了《论语》《老子》，不觉得是大师们站在人类思想的巅峰上，为我们播撒智慧的种子？我们阅读他们的书，就是站在巨人的肩膀上俯瞰世界。

名著是人类感情的储藏室，是传承文明的火炬手。它们展示着人类审视、确认、表现自身情感的过程，表现出一种摆脱生活的琐杂而趋向美与高尚的努力，其深厚的底蕴总是能够在我们的生活中唤起这种寓于诗意的情怀，因而具有永恒的魅力。

名著是真、善、美的化身，是人类生活中难得的一片净土。大师们在炼狱中心灵首先得到了净化，他们的作品无处不放射着高尚的光辉。在紧张而浮躁的社会中，我们的心灵有时会由于四处奔波而疲惫，由于过于好斗而阴暗，这时阅读名著绝对能使我们变得宁静而高尚，在阅读的过程中抚慰心灵的创痕，涤荡心灵的浮尘。

本套丛书有《红楼梦》《水浒传》等中国传统名著，还有《钢铁是怎样炼成的》《格林童话》等国外经典名著。可以带领学生领略中外人文差异，徜徉思想之海，探索文字奥秘。编者在编制本套丛书时，本着学生的认知层面和生活经验，对原著进行了全方位的解读。每一章节前加上了“精彩导读”，帮助他们获取本章的大致内容，增强总结能力；同时，在每一章的大量文段中选取了优美的词句，有精彩解读，帮助他们理解作者的情感变化、写作手法等，提升他们的写作技巧；在章节后有“精彩点拨”，总结中心思想，剖析艺术手法，加深他们的阅读印象；还有“阅读积累”，拓展了他们的知识层面。

相信广大学子们读完这套为他们精心打造的丛书后一定能开阔眼界，增加智慧，健全人格，铸就人生的新境界！

编　者

学问速递

作者素描

陈继儒，出生于1558年12月14日，字仲醇，号眉公、麋公，松江府华亭（今上海市松江区）人。卒于1639年10月16日，终年81岁。明朝文学家、书画家。著有《陈眉公全集》《吴葛将军墓碑》《尼姑录》。《小窗幽记》是陈继儒编辑的一本修身处世格言的书，是其代表性作品。

陈继儒自29岁起在小昆山隐居，后居东佘山，闭门谢客，著书立说。陈继儒学识渊博，工诗善文，对书法、绘画颇有研究，并喜爱戏曲、小说。书法学习苏轼和米芾，擅长墨竹、山水，画梅多册小幅，自然随意，意态萧疏。重视画家修养，赞同书画同源，有《云山卷》《梅花册》等传世。

陈继儒除著书立说和绘画外，还是一位碑刻收藏家。他收藏了大量的碑石、发帖、古画、印章。他在东佘山隐居处竖立的碑刻具有珍贵的史料价值和文化价值。有苏轼《风雨竹碑》、米芾《甘露一品石碑》、黄山谷《此君轩碑》、朱熹《耕云钓月碑》和《王长者墓志铭稿》（现藏于日本东京国立博物馆），后陈继儒得唐颜真卿《朱巨川告身》真迹卷，遂将隐居处命名为“宝颜堂”。

内容精讲

陈继儒一生著述颇丰，有《小窗幽记》《太平清话》《狂夫之言》《安得长者言》《模世语》等作品。特别是刊行于明代天启四年（1624）的《小窗幽记》，其蕴含的处世哲理和处世思想杂糅儒释道三家，是影响最大的一部作品。全书分析哲理，精辟透彻、入木三分，汲取了各家思想精华，融合了多重人生理想。全书内容丰富，包罗万象，从景物方面对山、川、民、物、风、雷、雨、露的细致描写，即可看出作者生活阅历非常丰富，观察生活细致入微，对生活有着深入思考和理解。

《小窗幽记》全书分为醒、情、峭、灵、素、景、韵、奇、绮、豪、法、倩十二卷，共一千五百多则，主要表达的是文人雅士淡泊名利、宁静致远、超凡脱俗的内心世界和精神追求。作者从思想格调方面对修身、养性、立言、立德、为学、经商、从政、处世、立业、治家等内容，以哲人式的冷峻对当时社会糜烂庸俗的世风做出了辛辣且不失客观的抨击，流露出“好为清态而反浊者，好为富态而反贫者，好为文态而反俗者，好为高态而反卑者，好为淡态而反浓者，好为古态而反今者，不如混沌为佳”的对一种无所拘束、高远超脱的“难得糊涂”的自由人生境界的追求。体现了其“立身高一步方超达，处世退一步方安乐”的风格。

《小窗幽记》作者笔法清淡、结构严谨、分类明晰、文字清雅、格调超拔，骈与散有机结合，将骈文的偶对协韵之美、辞藻雅洁之美与散文的错综变化之美、平实畅达之美，融合在极其短小的篇幅里，言简意赅。该书与明朝洪应明的《菜根谭》和清朝王永彬的《围炉夜话》并称“处世三大奇书”。

本书编者本着“剔除杂陈、精益求精”的原则，从每卷中删减了部分内容，仍保留十二卷，其内容格调更加清新、高雅、健康，适合广大中小学生阅读。

经典书评

古人书评

清朝人陈本敬在《序》评价说：“这部书‘泄天地之秘笈，撷经史之菁华，语带烟霞，韵谐金石。醒世持世，一字不落言筌。挥麈风生，直夺清淡之席；解颐语妙，常发斑管之花。所谓端庄杂流漓，尔雅兼温文，有美斯臻，无奇不备。’”

杂家书评

一

《小窗幽记》是一部内容丰富、语言优美的作品，所摘录、化用的妙语多达900句（段），涵盖了为人处世、自然风光、隐士生活、悲欢离合、爱恨情仇等内容。没有其他相同题材的单行本的内容能胜过《小窗幽记》。如与之并称为“处世三大奇书”的《菜根谭》选编了360多则，《围炉夜话》仅选编了200多则。两本书主要论述为人处世，修身养性。就其内容的全面性、广度与深度都无法与《小窗幽记》相提并论。内容是主旨的反映，语言是思想的载体，书中名言名句、好诗好对比比皆是。作者写书的良苦用心尽显其中。

二

通读《小窗幽记》，可见作者是以一个隐士的面目出现，所塑造的是一个隐士的生活经历，所追求是一个隐士的思想状态，体现了道家避世，佛家出世的理念。这本书告诉人们“欲见圣人之气象，须于自己胸中洁净时观之”，要想领会其中之奥妙，需细细品读。本书毕竟不适合每个人阅读，也不适合人生的每个阶段。在阅读中要加以借鉴，理性阅读并实践。

三

作者在《小窗幽记》里描写了很多劝人做个好人的故事，有的读者非常认同，甚至自诩好人而满足，但到了需要其真正做好事的时候却不情愿，这就是对书中的道理没有很好的理解。如果能够认真地读下去，《小窗幽记》里有很多触动人心的地方，修养是一个人实实在在的功夫，重要的是落实在行动上。没有一本书会好到无懈可击，也没有一本书会坏到一无是处。《小窗幽记》作为经典作品流传至今，是有其道理的。读者从中受益颇深。

四

中国文化博大精深，流传下来许多经典文集，如《小窗幽记》蕴含了作者和古人对社会和人生的认真思考，一些闪光的理念和追求仍然在激励着读者，发挥着其独特的重要作用。如儒家提倡积极有为、兼济天下的情怀，道家和佛家的一些理论和修行方法至今对我们改变人生困境、改善身心、减少烦恼起到无可替代的作用。读书要明理，行笃要专一，所谓知行合一，才是读书和做人的最高境界。读者可从《小窗幽记》中参悟人生，汲取营养。

角色卡片

陶弘景

陶弘景（456—536），字通明，自号华阳隐居，谥贞白先生，丹阳秣陵（今江苏南京）人。南朝齐、梁时道教学者、炼丹家、医药学家。

陶弘景是我国本草发展史上早期贡献最大的人物之一。在当时他生活的年代，著名的本草著作有十几部，但各家老死不相往来，自成体系，没有统一标准，特别是古本草书由于年代久远，内容散乱，草石不分，虫兽无辨，给临床运用带来极大不便，从侧面增添了患者的负担。为尽快实现本草统一标准，陶弘景担负起“苞综诸经，研括烦省”的重任，将当时所有的本草著作分别归纳、梳理，花费大量精力编写成了《神农本草经》及《名医别录》，在临床实践运用中，加上个人在本草方面的经验和总结，把两本著作合二为一，经过精心打磨，编著成《本草经集注》，共收进药物730种，把药物分类为玉石、草木、虫、兽、果、菜、米食（原书已佚，现在敦煌发现残卷）。他首创的药物分类方法，成为我国本草学发展史上的一块里程碑，沿用至今并发扬光大。

蚩尤

蚩尤，在上古时期带领九黎氏族部落大兴农耕、冶铜炼铁、制造五兵、创造百艺、明天道、理教化，为中华早期文明的形成做出了巨大的贡献。

蚩尤是牛图腾和鸟图腾氏族首领，也是九黎部落联盟的酋长，有兄弟八十一个（81个氏族部落），个个本领非凡，骁勇善战。蚩尤原本和炎帝同属一个部落，因发生矛盾不可调和，蚩尤便带着自己的人离开炎帝自行发展。不久，蚩尤做梦梦见奉天之命讨伐炎帝和黄帝。

蚩尤的力量迅速壮大起来，他相信天命，就与炎帝大战，结果把炎帝打得落花流水。炎帝战败，蚩尤又向黄帝开战，炎帝与黄帝联手共同抗击蚩尤。蚩尤率领八十一个兄弟重组联军北上，在涿鹿与黄帝部落展开厮杀，炎帝部落引进并且自主研发了各种利器，善用地形、天气等条件，由应龙将蚩尤斩杀，最终炎黄部族将蚩尤部落击败后将黎民融合，从此开启了中华文明的辉煌历史。

陶潜

陶潜即陶渊明（约365—427），字元亮，别号五柳先生，私谥靖节，世称靖节先生。浔阳柴桑（今江西九江）人。陶潜曾任江州祭酒、建威参军、镇军参军等职。义熙元年（公元405）八月，他出仕彭泽县令。在彭泽县令任上因不为五斗米而折腰，仅八十多天便弃职而去，从此归隐田园。此时的陶潜，政治态度非常明朗，思想上也处于成熟的时期。不同于以前的躬耕生活，他的意识有了明显增强。他以前的田园生活是中小地主形式的，悠哉游哉，而此时的田园生活是劳动生活，自给自足，这也就更加接近于一般农民的生活，为他创作积累了素材，成为思想不竭的源泉。其间他创作了许多反映田园生活的诗文，如《归园田居》五首、《杂诗》十二首等。著有《陶渊明集》。

陶潜是东晋末到刘宋初杰出的诗人、辞赋家、散文家。他是中国第一位田园诗人，被誉为“隐逸诗人之宗”“田园诗派之鼻祖”。是江西首位文学巨匠。

目录

Contents

小窗幽记

卷一　醒

精彩导读

《醒》是《小窗幽记》中的第一卷散文。所谓醒，就是保持清醒，保持理性，洞悉人情世故，活得明明白白。作者采用古代文章喜欢开门见山的创作手法，擅长点题，把立意、主题思想简要概述，然后娓娓道来，细水长流，或分析、或评论、或点拨、或总结，给人赏心悦目之感，引人入胜。

原文

醒食中山之酒[①]，一醉千日。今之昏昏逐逐[②]，无一日不醉，无一人不醉。趋[③]名者醉于朝，趋利者醉于野，豪者[④]醉于声色车马。而天下竟为昏迷不醒之天下矣！安得一服清凉散[⑤]，人人解醒？集醒第一。

注释

①中山之酒：据晋干宝的《搜神记》记载，中山人狄希善于酿酒，能造“一醉千日之酒”，喝了就会“千日醉”。②逐逐：急着想要得到。③趋：追逐。④豪者：富豪之人。⑤清凉散：使人心清凉的一种药物。

译文

清醒时饮了中山人狄希酿造的酒，可以一醉千日。而今日世人迷于俗情世务，终日追逐声色名利，可以说没有一日不在醉乡，没有一个人不沉迷于醉乡。好名的人醉于朝廷官位，好利的人醉于民间财富，豪富的人则醉于妙声、美色、高车、名马。而天下竟然成了昏迷不醒的天下！如何才能获得一剂清凉的药，使人人服下获得清醒呢？于是编撰了第一卷《醒》。

原文

倚[①]才高而玩世，背后须防射影之虫[②]；饰[③]厚貌以欺人，面前恐有照胆之镜[④]。

注释

①倚：倚仗，倚恃。②射影之虫：相传有一种动物在水中对着人和倒影喷砂，可以使人生病，比喻暗地里害人的小人。③饰：巧饰。④照胆之镜：相传秦朝宫中有一种镜子，能够照出人心中的邪念。

译文

倚仗知识出众而傲然处世，就要提防背后害人的影射之虫。装扮成忠厚老实的样子想要蒙骗别人，恐怕面前会有能够照出邪念的镜子。

原文

怪[①]小人之颠倒[②]豪杰，不知惯颠倒方为小人；惜[③]吾辈之受世折磨，不知惟[④]折磨乃见吾辈。

注释

①怪：责怪。②颠倒：颠覆。③惜：怜惜。④惟：只。

译文

指责那些小人搬弄是非，陷害忠良，却不知道只有惯于干这些事的人才能称为小人；怜惜我的同类人受到世间的折磨，却不知道只有经历了折磨才能看到同类人的英雄本色。

原文

花繁柳密处[①]，拨得开，才是手段[②]；风狂雨急时[③]，立得定，方见脚跟。

注释

①花繁柳密处：比喻美好的人生境遇。②手段：本领，方法。③风狂雨急时：比喻挫折潦倒的时候。

译文

在花繁叶茂的美景下能拨开迷雾不受束缚，来去自如，才看出德行高尚；在狂风急雨、贫困潦倒的环境中能站稳脚跟，不被击倒，才是立场坚定的君子。

原文

澹泊之守，须从秾艳场①中试来；镇定之操，还向纷纭境上勘过②。

注释

①秾艳场：指歌舞楼台的富贵之所。②勘过：经历过，历练过。

译文

是否有淡泊宁静的志向，一定要通过富贵奢华的场合才能检验得出来；是否有镇定如一的节操，还必须通过纷纷扰扰的环境验证。

原文

市①恩不如报德之为厚，要誉②不如逃名之为适，矫情不如直节之为真。

注释

①市：买卖，动词。②要誉：邀取名誉。要，同“邀”。

译文

施舍给别人恩惠，不如报答他人的恩德来得厚道；邀取名誉，不如回避名誉来得闲适；装腔作势自命清高，不如坦诚做人来得真实。

原 文

使人有面前之誉[1]，不若使人无背后之毁[2]；使人有乍交[3]之欢，不若使人无久处之厌。

注 释

①面前之誉：当面的称赞。②毁：毁谤，诋毁。③乍交：刚刚结交。乍，刚刚。

译 文

让人当面夸赞自己，不如让别人不在背后批评诋毁自己；让人在初相交时就产生好感，不如让别人与自己长久相处而不产生厌烦情绪。

原 文

攻人之恶毋[1]太严，要思其堪受[2]；教人以善莫过高，当原[3]其可从。

注 释

①毋：不，表示否定。②堪受：可以忍受。③原：考虑，体谅。

译 文

攻击别人的丑恶不要过于严厉，要考虑他是否能够忍受；教导别人要与人为善，要求不要过高，应当体谅他是否能够遵从。

原 文

不近人情，举[1]世皆畏途；不察[2]物情，一生俱[3]梦境。

注释

①举：满，全。②察：洞察。③俱：都。

译文

做人不近人情，就会认为普天之下都是让人畏惧的险途；做事不能洞察人间百态、体悟道理，那么一生都将生活在梦境之中。

原文

遇嘿嘿不语之士，切莫输心[①]；见悻悻自好之徒[②]，应须防口。

注释

①输心：交心，真诚。②之徒：这类人。

译文

碰到沉默不语的人，千万不要轻易与之交心；见到容易恼怒而又自恋之人，应该提防自己信口开河。

原文

结缨整冠之态[①]，勿以施之焦头烂额之时；绳趋尺步之规[②]，勿以用之救死扶伤之日。

注释

①结缨整冠之态：很从容的样子。缨，帽子上的带子；冠，帽子。②绳趋尺步之规：古时士人走路要讲究一定的规则、标准。

译文

系好帽带，端正帽子这样的仪态，不要用在焦头烂额那种窘迫的时候；走路完全按照标准，但是不要在救死扶伤那样的紧急时候仍然那个样子。

原文

议事者身在事外，宜悉[①]利害之情；任事者身居事中，当忘利害之虑。

注释

①宜悉：应该明白。

译文

议论事情的人本身不直接参与其事，应该弄清事情的利害得失；办理事情的人本身就处在事情当中，应当放下对于利害得失的顾虑。

原文

俭，美德也，过则为悭吝，为鄙啬，反伤雅道；让，懿[①]行也，过则为足恭[②]，为曲谨，多出机心[③]。

注释

①懿：美好。②足恭：过分的谦让，恭顺。③机心：机巧之心。

译文

俭朴，是美好的品德，太过则是吝啬，是浅薄的庸俗，反而会伤害高雅正道；谦让，是美好的德行，太过则是过分的谦让，是变形的谨慎，多是出于机巧之心。

原文

藏[①]巧于拙，用晦而明，寓[②]清于浊，以屈为伸。

注释

①藏：隐藏。②寓：隐藏。

译文

把智巧隐藏在笨拙之中，表面晦暗而内心却很明白；把清洁隐藏在混浊之中，以屈缩为伸长。

原文

彼无望德[1]，此无示恩，穷交所以能长；望不胜奢[2]，欲不胜餍[3]，利交所以必伤。

注释

①彼：对方。德：恩德，恩惠。②奢：奢求。③餍：即“厌”，满足。

译文

朋友不会期求从我这里获得恩惠，我也不会向朋友表示给予恩惠，这是清贫的朋友能够长久相交的原因；期望有所获得而无止境，欲望又永远无法满足，这是靠利益结交的朋友必然会伤了和气的原因。

原文

怨因德彰，故使人德我[1]，不若[2]德怨之两忘；仇因恩立，故使人知恩，不若恩仇之俱泯[3]。

注释

①德我：感激我的恩德。②不若：不如。③泯：泯灭，丧失。

译文

怨恨因为恩德而彰显，因此让人感激我的恩德，不如将恩德、怨恨两者都给忘了；仇恨因为恩情而产生，因此让人知道我对他的恩情，不如将恩情、仇恨全都忘记。

原文

天薄我福[①]，吾厚吾德以迓之；天劳我形[②]，吾逸吾心以补[③]之；天阨我遇，吾亨吾道以通之。

注释

①天薄我福：上天使我的福分减少。薄，减少，这里是使动用法，下文的“劳”“阨”均是此种用法。②形：身体。③补：弥补，补偿。

译文

命运使我的福分浅薄，我便加强我的德行来面对它；命运使我的筋骨劳苦，我便放松我的心情来弥补它；命运使我的际遇困窘，我便加强我的道德修养使它通达。

原文

澹泊之士，必为秾艳者所疑[①]；检饬[②]之人，必为放肆者所忌。事穷势蹙[③]之人，当原其初心；功成行满之士，要观其末路。

注释

①秾艳者：指追求华贵、奢靡生活的人。疑：猜疑。②检饬：行为检点、慎重。③事穷势蹙：事情处于困境，形势紧迫。

译文

清静淡泊名利的人，往往会受到追求奢侈生活的人猜疑；谨慎而行为检点的人，必定被行为放荡不羁的人所忌恨。对于一个到了穷途末路的人，应当探究他当初的心志怎么样；对于一个功成名就的人，要看他最后有怎样的结局。

原文

好丑心[①]太明，则物不契[②]；贤愚心太明，则人不亲。须是内精明，而外浑厚，使好丑两得其平，贤愚共受其益，才是生成的德量[③]。

注释

①好丑心：分别美与丑的心。②契：契合。③生成：抚育，养育。德量：品德和心量。

译文

将美与丑分别得太清楚，那么就无法与事物相契合；将贤与愚分别得太明确，那么就无法与人相亲近。必须内心精明，而为人处世却要仁厚，使美丑两方都能平和，贤愚双方都能受到益处，这才是上天对人们的品德与气量的培育。

原文

好辩以招尤[①]，不若讱默[②]以怡性；广交以延誉，不若索居以自全；厚费以多营，不若省事以守俭；逞能以受妒，不若韬精以示拙。

注释

①辩：辩论。尤：过失。②讱默：说话谨慎。

译文

喜好争辩就容易招来过失，不如说话谨慎以养性；广为结交以扩大声誉，不如离群索居以求自保；大费资财以多处经营，不如省事以保持节俭；逞能遭受妒忌，不如韬光养晦而展现出愚钝的一面。

原文

费[①]千金而结纳贤豪，孰若[②]倾半瓢之粟以济饥饿；构千楹[③]而招徕宾客，孰若葺数椽之茅以庇孤寒[④]？

注释

①费：耗费。②孰若：哪里比得上。③千楹：千间屋舍。④葺：修葺。茅：茅草屋。

译文

耗费千金而广结吸纳天下豪杰，哪里比得上拿出半瓢的米粟去接济饥饿的人呢？建筑千间屋舍以招揽天下宾客，哪里比得上搭建只有几根椽的茅舍来庇护孤苦贫寒的人呢？

原文

恩不论多寡，当厄的壶浆①，得死力之酬；怨不在浅深，伤心的杯羹②，召亡国之祸。

注释

①当厄的壶浆：出自《左传》，晋人灵辄处于困厄之境，后被大夫赵盾所救，赐给他食物。后来灵辄成为晋灵公的甲士。晋灵公想要杀大夫赵盾，幸得灵辄搭救才得以脱险。②伤心的杯羹：出自《左传》，楚人向郑灵公进献鼋，子公吃鼋羹比灵王吃得早，因此灵王十分恼怒，想要杀掉子公。不料子公已料到了这一点，先下手杀了灵公。

译文

恩惠不分多少，赵盾给予处于困境中的灵辄一壶浆，就换来了灵辄的誓死回报；怨恨不在于深浅，伤害别人的一杯鼋羹，就能招致亡国的祸患。

原文

仕途虽赫奕①，常思林下的风味，则权势之念自轻；世途虽纷华，常思泉下的光景，则利欲之心自淡。

注释

①虽：虽然。赫奕：显赫、盛大。

译文

仕途虽然追求显赫、盛大，但经常想想隐居山中的情趣，那么追逐权势的心思自然会变轻；世途虽然很繁华，但经常想想死后黄泉之下的情形，那么利欲之心自然会变淡。

原文

居盈满者，如水之将溢未溢，切忌再加一滴；处危急者，如木之将折未折，切忌再加一搦[①]。

注释

①搦：轻轻一按。

译文

处于志得意满之时的人，就好像水将要溢出还未溢出的时候，切忌再添加一滴；处于危急情形中的人，就好像树木将要折却还没折的时候，切忌再轻轻地一按。

原文

了[①]心自了事，犹[②]根拔而草不生；逃世不逃名，似膻存而蚋还集[③]。

注释

①了：了结，了断。②犹：好像。③膻：腥膻的气味。蚋：指蚊子、苍蝇之类。

译文

能在心中将事情作了结才是真正将事情了结，就好像拔去根以后草不再生长一样；逃离了尘世却还有求名之心，就好像腥膻气味还存在，仍然会招来蚊蝇一样。

原文

情最难久，故多情人必至寡情；性自有常[1]，故任性人终不失性[2]。

注释

①性：天性。常：常理，常法。②任性：听凭天性。终：始终。

译文

保持长久的情爱是最难的，所以多情的人反而会显得缺少情意；天性按一定恒常的规律运行，即使是放纵性情而为的人也还是没有丢掉他的本性。

原文

甘人[1]之语，多不论其是非；激人之语，多不顾[2]其利害。

注释

①甘人：甘，甜，在此指说好话。甘人，指谄媚、奉承之人。②顾：顾及，考虑。

译文

谄媚、曲意逢迎之人的话，多半不分是非清白；想要激怒别人的话，大多不顾及利害得失。

原文

为恶而畏[1]人知，恶中犹[2]有善念；为善而急人知，善处即是恶根。

注释

①畏：害怕，畏惧。②犹：依然，还。

译文

倘若做了坏事还畏惧别人知道，那么说明他恶中还有善念；倘若做了好事急着想被人知道，那么其行善之处就是恶根。

原文

谈山林之乐[1]者，未必真得山林之趣；厌名利之谈者，未必尽忘名利之情。

注释

①山林之乐：指隐居山林的乐趣。

译文

喜欢谈论隐居山林中的生活乐趣的人，不一定是真的领悟了隐居的乐趣；口头上说讨厌名利的人，未必真的将名利忘却。

原 文

从冷视热，然后知热处之奔驰无益[①]；从冗[②]入闲，然后觉闲中之滋味最长。

注 释

①益：好处。②冗：繁冗，繁杂。

译 文

从冷眼旁观的角度来观察喧闹的名利场，之后才会知道名利场中的奔走竞争并没有什么好处；从繁杂的生活进入闲适的生活，之后才能体会出闲适的生活最具情味。

原 文

贫士肯济人，才是性天[①]中惠泽；闹场能笃学[②]，方为心地[③]上工夫。

注 释

①性天：即天性，本性。②笃学：踏踏实实地勤奋学习。③心地：在此指心境。

译 文

贫穷的人肯帮助他人，才是天性中的仁惠与德泽；在喧闹的环境中能笃志学习，才是在静化心境上下了功夫。

原 文

伏久者[①]，飞必高；开先者，谢独早。

注释

①伏久者：指深藏不露的鸟。伏久，潜伏很久。

译文

藏伏很久的事物，一旦腾飞则必定飞得高远；太早开发的事物，往往也结束得很快。

原文

贪得者①，身富而心贫；知足者，身贫而心富；居高者②，形逸而神劳；处下者③，形劳而神逸。

注释

①贪得者：贪得无厌的人。②居高者：指身居高位的人。③处下者：地位低下、处于下层的人。

译文

贪得无厌的人，也许生活富足，但心灵却很贫穷；知道满足的人，也许生活贫困，但是内心却很富有；处于高位的人，身体很安逸，但精神却很劳累；地位低下的人，身体很劳累，但精神却很闲逸。

原文

名茶美酒，自有真味。好事者投香物①佐之，反以为佳②，此与高人韵士误堕尘网何异③？

注释

①香物：香料。②佳：好。③高人韵士：高雅之士。尘网：世俗生活之中。异：差别。

译文

名贵的茶叶醇美的浓酒，自有它的真味。好事的人把一些香料放进去添加些味道，破坏了原本的清醇，却反而认为这样很好，这和那些高人雅士误入世俗生活之中又有什么差别呢？

原文

花棚石磴，小坐微醺①。歌欲②独，尤欲细；茗欲频，尤欲苦。

注释

①微醺：稍微有些陶醉。②欲：想要。

译文

在美丽的花棚下，坐在清凉的石磴上，稍稍有些陶醉。突然想要独自唱歌，歌声要尤为细腻，茗茶要频繁地添加，尤为茶水要苦。

原文

善默即是能语①，用晦②即是处明，混俗③即是藏身，安心即是适境④。

注释

①默：沉默。即是：就是。②用晦：韬光养晦。③混俗：融入世俗。④适境：适应环境。

译文

善于沉默就是能言善语，韬光养晦就是保身之法，混入世俗就是藏身之所，心灵平静就是适应环境。

原文

虽无泉石膏肓①，烟霞痼疾，要识山中宰相②，天际真人③。

注释

①虽：虽然。泉石膏肓：出自《新唐书·田游岩传》。田游岩隐居山中，唐高宗前去拜访，问道："先生此佳否？"他回答说："臣所谓泉石膏肓，烟霞痼疾也。"指自己沉迷于山林的癖好无法改变。②山中宰相：语出《南史·陶弘景传》。陶弘景隐居山中，辞不受官，但每逢朝中大事，就会为朝廷出谋划策，因此世人称之为"山中宰相"。③天际真人：在此指隐居天涯的真人，语出《世说新语·容止》："或以方谢仁祖不乃重者，桓大司马曰：'诸君莫轻道，仁祖企脚北窗下弹琵琶，故自有天际真人想。'"

译文

虽然没有沉迷于泉石、烟霞的癖好，但也要辨识山中的高士、隐居天涯的真人。

原文

气收自觉怒平①，神敛②自觉言简，容人自觉味和③，守静自觉天宁。

注释

①收：收敛。自觉：自然觉得。②敛：敛聚。③和：和睦。

译文

收敛气息自然会觉得愤怒平息了一些，敛聚精神自然会觉得语言简练了一些，宽容别人自然会觉得氛围和睦，心神保持宁静自然会觉得天下安宁。

原文

处事不可不斩截①，存心不可不宽舒②，待己不可不严明③，与人④不可不和气。

注释

①处事：处理事情。斩截：斩钉截铁，形容说话做事十分果断。②宽舒：宽广、舒

缓。③严明：严格。④与人：与人相处。

译文

处理事情不能不果断，存心不能不宽广舒缓，对待自己不能不严格要求，与人相处不能不和睦。

原文

居不必无恶邻[①]，会[②]不必无损友，惟在自持[③]者两得之。

注释

①恶邻：坏邻居。②会：相会，聚会。③自持：把持自己。

译文

择居不一定非要找没有坏邻居的地方，聚会也不一定要避开不好的朋友，能够自我把握的人也能够从恶邻和坏朋友中汲取有益的东西。

原文

要知自家[①]是君子小人，只于五更头[②]检点，思想的是什么便得[③]。

注释

①自家：自己。②五更头：五更时分，指天快要亮的时候。③得：知道，明白。

译文

要知道自己是有道德的君子，还是没有品德的小人，只要在天将明时自我反省一下，看看自己所思所想到底是什么，就十分明白了。

原文

以理听言，则中有主[①]；以道窒欲[②]，则心自清。

注释

①中：心中。主：主张，主意。②窒欲：熄灭心中的欲望。

译文

以理智的态度来听取各方面的意见，那么心中就会有正确的主张；用道德规范来约束心中的欲望，那么心境就自然清明。

原文

先淡后浓[①]，先疏后亲[②]，先远后近[③]，交友道也。

注释

①淡：平淡。浓：浓烈。②疏：疏远。亲：亲近。③远：接触了解。近：亲近，相知。

译文

先淡薄而后浓厚，先疏远而后亲近，先接触而后相知，这是交朋友的方法。

原文

苦恼世上，意气须温[①]；嗜欲[②]场中，肝肠欲冷。

注释

①温：温和，平和。②嗜欲：嗜好和欲望。

译文

在充满烦恼的人世间，心境要平和；在嗜好和欲望场中，心肠越要硬。

原文

形骸非亲，何况形骸[1]外之长物？大地亦幻[2]，何况大地内之微尘？

注释

①形骸：躯体，身体。②亦：也。幻：虚幻。

译文

连自己的身体四肢都不属于亲近之物，何况那些属于身体之外的声名财利呢？天地山川也只是一种幻影，何况生活在天地间如尘埃的芸芸众生呢？

原文

人当溷扰[1]，则心中之境界何堪[2]；人遇清宁，则眼前之气象自别。

注释

①当：遭遇，碰到。溷扰：纷乱，混乱。②何堪：如何忍受。

译文

人碰到混乱的局面，内心可怎么能承受啊；而遇到清净安宁的局面，那么眼前的景象自然会有很大差别。

原文

寂而常惺[1]，寂寂之境[2]不扰；惺而常寂，惺惺之念不驰[3]。

注释

①惺：清醒。②寂寂之境：寂静的心境。③惺惺之念：清醒的念头。驰：奔驰。

译文

寂静时要保持清醒，但不要扰乱寂静的心境；在清醒时要保持寂静，但心念不要驰骋得远而收束不住。

原文

童子智少[①]，愈少而愈完[②]；成人智多，愈多而愈散[③]。

注释

①童子：孩子。智：智谋，智慧。②完：完好，完整。③散：散乱。

译文

孩子们接受的知识很少，但他们知识越少天性却越完整；成年人接受的知识丰富，但是他们知识越多，思维却越分散杂乱。

原文

无事[①]便思有闲杂念头否，有事便思有粗浮意气否[②]；得意便思有骄矜辞色[③]否，失意便思有怨望情怀否。时时检点[④]得到，从多入少，从有入无，才是学问的真消息[⑤]。

注释

①无事：没事的时候。②有事：有事的时候。粗浮意气：浮躁的心气。③骄矜辞色：傲慢、飞扬跋扈的神色。④检点：反省。⑤真消息：真谛。

译文

闲来无事的时候要反省自己是否有一些杂乱的念头，忙碌的时候要思考自己是否有浮躁粗俗的意气；得意的时候考虑自己的言行举止是否骄慢，失意的时候要反省自己是否有怨恨不满的想法。时时这样自我检查到位，使不良的习气由多而少，由有到无，这才是学问修养的真谛。

原文

笔之用以月计①，墨之用以岁②计，砚之用以世③计。笔最锐④，墨次之，砚钝⑤者也。岂非钝者寿⑥，而锐者夭⑦耶？笔最动，墨次之，砚静者也。岂非静者寿而动者夭乎？于是得养生焉。以钝为体，以静为用，唯其然⑧是以能永年。

注释

①计：计算。②岁：年。③世：代。④锐：锐利。⑤钝：不锋利。⑥寿：长寿。⑦夭：夭折。⑧唯其然：只有这样。

译文

笔使用的时间要用月来计算，墨使用的时间要以年来计算，砚使用的时间要以代来计算。毛笔最为锋锐，墨次之，砚是最不锋利的。这难道不是不锋锐的长寿，而锋锐的夭折吗？笔动得最为厉害，墨次之，而砚是静止的。这难道不是静止的长寿，而运动的寿命短吗？因此知道了养生的道理。要以驽钝为体，以静为用，只有如此才能长寿。

原文

贫贱之人，一无所有，及临命终时①，脱②一厌字。富贵之人，无所不有，及临命终时，带一恋③字。脱一厌字，如释④重负；带一恋字，如担⑤枷锁。

注释

①及临命终时：等到快要死了的时候。及，等到。②脱：解脱。③恋：依恋，留恋。④释：释放，放下。⑤担：担着。

译文

贫穷低贱的人，一无所有，到生命将终结时，因为对贫贱的厌倦而得到一种解脱感；富有高贵的人，无所不有，到生命将终结时，因对名利的牵挂而恋恋不舍。因厌而解脱的人，仿佛放下重担般轻松；因眷恋而不舍的人，如同戴上了枷锁般沉重。

原文

透①得名利关，方是小休歇②；透得生死关，方是大休歇。

注释

①透：看透，悟透。②方：才。休歇：休息，歇息。

译文

看得透名利这一关，只是小休息；看得透生死这一关，才是大休息。

原文

病至①，然后知无病之快②；事来，然后知无事之乐。故御病不如却病③，完事不如省事。

注释

①至：来。②然后：这之后。无病：没有病。快：快乐，痛快。③御病：治好病。却：了却，断绝。

译文

病来了，之后才知道没有病是多么痛快；事情来了，之后才知道没有事情是多么快乐。因此，治愈病不如在病没来之时就断绝了病，把事情做完不如省去事情。

原文

讳[①]贫者，死于贫，胜心[②]使之也；讳病者，死于病，畏心蔽之也[③]；讳愚者，死于愚，痴心覆[④]之也。

注释

①讳：忌讳。②胜心：好胜心。③畏心：畏惧之心。蔽：蒙蔽。④覆：掩盖。

译文

忌讳贫穷的人，最终死于贫困，这是好胜心使他这样的；忌讳生病的人，最终死于病，这是被畏惧之心蒙蔽的结果；忌讳愚钝的人，最终死于愚钝，这是掩盖痴愚之心的结果。

原文

古之人，如陈玉石于市肆[①]，瑕瑜[②]不掩。今之人，如货古玩于时贾[③]，真伪难知。

注释

①陈：陈列。市肆：市井店铺。②瑕瑜：玉的瑕疵和光彩，指人的过失与美德。③货：买。贾：商人。

译文

古代的人，就好像将玉石陈列在市场店铺之中一样，美丽与缺点都不加以掩饰；当今的人，就好像向商人购买的古玩，真假难辨。

原文

多躁者，必无沉潜之识[①]；多畏者，必无卓越之见[②]；多欲者，必无慷慨之节[③]；多言者，必无笃实之心[④]；多勇者，必无文学之雅。

注释

①沉潜之识：深刻的见解。②见：见解，见识。③节：节气。④笃实之心：踏踏实实做事的心。

译文

浮躁的人，必定对事物没有深刻的见解；胆怯的人，必定对事物没有卓越的见解；欲望太多的人，必定不能有正直激昂的气节；多话的人，必定没有扎实勤奋的作风；多勇力的人，必定缺少文学修养。

原文

剖去胸中荆棘[①]以便人我往来，是天下第一快活世界。

注释

①胸中荆棘：心中的间隙、芥蒂以及伎俩。

译文

去除胸中容易伤己伤人的棘刺，以便和人们交往，是天下最快意的事了。

原文

挥洒[①]以怡情，与其应酬，何如兀坐[②]；书礼[③]以达情，与其工巧，何若直陈[④]；棋局以适情，与其竞胜[⑤]，何若促膝；笑谈以怡情，与其谑浪[⑥]，何若狂歌。

注释

①挥洒：挥毫洒墨。②何如：怎么比得上。兀坐：挺直身子坐。③书礼：知书达礼。④直陈：直接陈说。⑤竞胜：争夺胜负。⑥谑浪：戏谑放浪。

译文

挥笔洒墨是为了怡情，与其应酬，还不如独自静坐；知书达礼是为了达情，与其工巧表达，还不如直接陈述；下棋布局是为了适情，与其与人争夺胜负，还不如促膝交谈；谈笑风生是为了怡情，与其戏谑放浪，还不如开怀放歌。

原文

拙之一字，免①了无千罪过；闲之一字，讨②了无万便宜。

注释

①免：免去。②讨：讨得，获得。

译文

“拙”这个字，只要好好运用，就能免去千万次罪过；“闲”这个字，只要好好运用，就能获得千万次便宜。

原文

斑竹①半帘，惟我道心清似水；黄粱一梦②，任他世事冷如冰。欲住世出世，须知机息机。

注释

①斑竹：又称湘妃竹，因为叶子上有类似眼泪的斑点，因此称为“斑竹”。相传舜帝在出巡的途中死了，舜帝的妃子娥皇、女英十分伤心，以泪洗面，泪水落在竹子上，竹子由此落下斑点。②黄粱一梦：语出唐代沈既济的传奇《枕中记》。据《枕中记》载，一个书生卢生碰到道士吕翁，卢生悲叹自己的生活辛酸，吕翁就给他一个枕头，声称枕上它就可以如愿以偿。这个时候客店正在蒸黄粱米饭。卢生枕上枕头在梦中享尽了荣华富贵，一觉醒来，黄粱饭还没有做好。

译文

透过半叶门帘，看到苍翠的斑竹，只有我的心清静如水；黄粱一梦，富贵如同过眼烟云，皆是虚幻，管它世间人情冰冷。想要生活在尘世却怀着出世之心，必须明白机巧却又熄灭机巧之心。

原文

书画为柔翰①，故开卷②张册，贵于从容；文酒③为欢场，故对酒论文，忌于寂寞。

注释

①书画：书法绘画。柔翰：毛笔。②卷：卷轴，书册。③文酒：谈诗论酒。

译文

书法绘画是用毛笔写就，十分高雅，因此打开卷轴、书卷，贵在从从容容；谈诗论酒是在欢乐的场景，因此把酒论诗，忌讳寂寞。

原文

荣利造化①，特以戏人②，一毫着意③，便属桎梏④。

注释

①荣利造化：荣华，利禄，福运。②戏人：戏弄人。③毫：稍微，一点儿。着意：有意，动心思。④桎梏：束缚。

译文

荣华富贵、功名利禄，这些都是专门戏弄人的，一旦稍稍动了点儿心思，它们就都会成为束缚和枷锁。

原文

士人不当以世事分读书[①]，当以读书通世事[②]。

注释

①士人：读书人。以：因为。②以：通过。通：通晓，明白。

译文

读书人不应该因为世间的一些事情而使读书分心，而应当通过读书来明白世间之事。

原文

天下之事，利害常相半[①]；有全利，而无小害者，惟书。

注释

①相半：各占一半，一说为“相伴”。

译文

天下的事，利害常常相伴相生；全部都是利，而没有一点儿害处的，只有书。

原文

事忌脱空[①]，人怕落套[②]。

注释

①脱空：脱离实际，成为空谈。②落套：落入俗套。

译文

做事最忌讳脱离实际，成为空谈，为人最怕落入俗套。

原文

烟云堆里[1]，浪荡子逐日称仙；歌舞丛中，淫欲身几时得度[2]。

注释

①烟云堆里：烟雾缭绕的山林中。②度：超度。

译文

生活在烟雾缭绕的山林中，浪荡之子整日过着神仙一样的生活；歌台舞榭之中，那些充满淫欲之人什么时候才能得到超度？

原文

山穷[1]鸟道，纵[2]藏花谷少流莺，路曲羊肠[3]，虽[4]覆柳荫难放马。

注释

①穷：穷尽。②纵：纵然，纵使。③路曲羊肠：像羊肠一样弯弯曲曲的小道。④虽：即使。

译文

倘若高山阻断了所有的鸟道，纵然是开满鲜花的山谷也很少有流莺歌唱；倘若山道像羊肠一样弯弯曲曲，即使是绿柳如荫也很难信马由缰。

原文

能于热地思冷[1]，则一世不受[2]凄凉；能于淡处求浓，则终身不落枯槁。

注释

①热地思冷：在炎热的地方思念寒冷，在此比喻处于荣华富贵之中还能记得卑微贫贱

之时。②受：遭受。

译 文

能够在炎热的地方思念寒冷，那么一生都不会遭受凄凉；能在恬淡之处寻求浓厚之感，那么一生都不会落到形容枯槁的境地。

原 文

会心[1]之语，当以不解解之；无稽[2]之言，是在不听听耳。

注 释

①会心：心领神会。②无稽：没有根据。

译 文

能够用心神领会的言语，应当不用言语点破而理解它；没有根据的话，不听也就是听了它。

原 文

佳思忽来[1]，书能下酒；侠情[2]一往，云可赠人。

注 释

①佳思：美好的神思。忽：突然。②侠情：豪放的情怀。

译 文

美好的情思突然来时，无须佳肴，有书便能佐酒。不羁的情意一发，即使手中无物，亦可以赠人。

原文

蔼然可亲，乃自溢[1]之冲和，妆不出温柔软款[2]；翘然[3]难下，乃生成之倨傲，假[4]不得逊顺从容。

注释

①溢：流露。②妆：即“装”，假装。温柔软款：十分温柔真挚的样子。③翘然：高高在上的样子。④假：作假。

译文

和蔼可亲，这是自然而然流露出的恬淡平和，假装是装不出来温柔、深情真挚的样子的；高高在上，不能与下人亲近，这是自然生成的傲慢，装假是装不出来谦逊从容的。

原文

风流得意，则才鬼独胜顽仙[1]；孽债为烦，则芳魂毒于虐祟[2]

注释

①才鬼：很有才气的鬼。胜：超过。顽仙：冥顽不灵的仙人。②芳魂：美丽的女子。虐祟：凶恶的鬼怪。

译文

论到举止潇洒，能得风雅浪漫的情趣之处，有才气的鬼尤胜过冥顽不灵的仙人。但是，就情债之为孽障而言，美丽的女子却比凶恶的神鬼还要厉害。

原文

极难处是书生落魄[1]，最可怜是浪子白头。

注释

①极难处：最困难的。落魄：生活潦倒，科举不第。

译文

最困难的是书生生活不济，落魄潦倒，最可怜的是浪子虚度青春直到白发苍苍之时。

原文

世路如冥，青天障蚩尤之雾①；人情若梦，白日蔽巫女之云②。

注释

①障：遮蔽，屏障。蚩尤之雾：相传蚩尤与黄帝大战于涿鹿之时，蚩尤作障造雾，弥漫四野，使人辨不清东西南北。②巫女之云：语出宋玉《高唐赋》。巫山神女与楚怀王告别道："妾在巫山之阳，高丘之阻。旦为朝云，暮为行雨。"

译文

世间的道路如同冥界一样晦暗不清，青天被蚩尤所作的大雾遮掩；人情如同做梦一样虚幻，白日被巫女之云遮蔽。

原文

密交，定有夙缘①，非以鸡犬盟也；中断，知其缘尽，宁关萋菲间之②？

注释

①夙缘：前世的缘分。②宁：怎能。萋菲：在此指小人。间：离间。

译文

交往密切，必定是彼此之间有前世的缘分，不像鸡犬之间的盟交一样；友情中断，知道是缘分已尽，怎么是因为小人在之间挑拨是非呢？

原文

堤防不筑，尚难支移壑之虞①；操存不严，岂能塞横流之性②。

注释

①尚：尚且。支：支付，应付。②岂：怎么能。塞：堵住。

译文

一条河如果不修建堤坝，尚且很难应付改变沟壑的忧患；一个人倘若不能严守节操，又怎么能够堵住欲望横流的人性呢？

原文

发端①无绪，归结②还自支离；入门一差，进步终成恍惚③。

注释

①发端：开端。②归结：最终。③恍惚：模模糊糊。

译文

开端没有条理，终究还是会支离破碎；入门走错一步，向前走也终究会恍惚不清。

原文

打诨随时之妙法①，休嫌终日昏昏②；精明当事之祸机，却恨③一生了了。

注释

①打诨：戏谑。随时：顺应世情。②休：不要。昏昏：浑浑噩噩，不清醒。③恨：悔恨。

译文

戏谑是顺应世情的高妙之法，不要嫌弃整日浑浑噩噩；精明是面对事情时的祸根，最终只能悔恨一生毫无收获。

原文

形[①]同隽石，致胜冷云[②]，决非凡士[③]；语学娇莺，态摹[④]媚柳，定是弄臣[⑤]。

注释

①形：外形。②致：内在的情致。胜：超过。③凡士：平庸之人。④摹：模仿，模拟。⑤弄臣：玩弄权术的奸佞小人。

译文

外形上如同是山中的美石，情致胜过清冷的云，这样的人绝不是普通之人；语调学习娇莺，姿态模拟妩媚的杨柳，这样的人必定是奸佞小人。

原文

开口辄生雌黄月旦之言[①]，吾恐微言[②]将绝，捉笔便惊缤纷绮丽之饰[③]，当是妙处[④]不传。

注释

①辄：就。雌黄月旦之言：指说话不负责任，信口开河。②微言：精微却深藏大义的语言。③捉笔：提笔。饰：藻饰。④妙处：精妙之处。

译文

一张口就是信口雌黄，说话不负责任，我担心精微却深藏大义的语言将要绝迹了；提笔就是缤纷绮丽的藻饰，应当是没有传达出妙处。

原文

风波肆险[1]，以虚舟震撼，浪静风恬；矛盾相残，以柔指解分，兵销戈倒[2]。

注释

①肆险：肆虐惊险。②兵销戈倒：指矛盾化解。

译文

在风波惊险的时刻，能够以虚空的一叶小舟从容应对风波的摇撼，就会风平浪静；处在针锋相对、你争我夺的矛盾之中，能够以柔指轻轻巧妙破解，就会化解纷争和矛盾。

原文

豪杰向简淡[1]中求，神仙从忠孝上起[2]。

注释

①简淡：简单平淡。②起：做起。

译文

做豪杰志士应从简单平淡中着手，成神成仙要从忠孝做起。

原文

人不得道，生死老病四字关，谁能透过[1]？独[2]美人名将，老病之状[3]，尤为可怜。

注释

①透过：参透，悟透。②独：尤其。③老病：年老病弱。状：情形。

译文

人如果不能大彻大悟，面对生、老、病、死这四个生命的关卡，又有谁能看得透？尤其是美人和知名将领，那种美人红颜消逝、名将年老力衰的悲惨景况，使人感到十分无奈和惋惜。

原文

日月①如惊丸，可谓②浮生矣，惟静卧是小延年③；人事如飞尘，可谓劳攘④矣，惟静坐是小自在。

注释

①日月：光阴。②可谓：可以称得上。③惟：只。延年：延长寿命。④劳攘：辛劳扰攘。

译文

光阴就像是受了惊吓狂奔的弹丸，可以称得上是半日浮生，只有静卧才可以稍稍益寿延年；人生就像是飘浮在空中的尘埃，可以称得上是辛劳攘乱，只有静坐才是小小的自在。

原文

平生不作皱眉事①，天下应无切齿②人。

注释

①皱眉事：指让人仇恨的事。②切齿：指十分憎恨。

译文

平生不做令人皱眉憎恨的事情，天下就应该没有对我恨得咬牙切齿的人。

原文

暗室之一灯，苦海之三老[1]；截疑网之宝剑[2]，抉盲眼[3]之金针。

注释

①苦海：佛教术语，认为俗世充满了痛苦，故称为“苦海”。三老：泛指有声望的老人。②截：斩断。疑网：疑虑、猜忌之网。③盲眼：瞎了的眼。

译文

暗室中的一盏灯，尘世苦海中的老前辈，就如同是斩断疑虑之网的宝剑，治愈了盲目的金针。

原文

攻取之情化[1]，鱼鸟亦来相亲[2]；悖戾之气销[3]，世途不见可畏。

注释

①攻取：进攻、索取。化：解开。②亦：也。相亲：亲近。③悖戾：悖谬、乖戾。销：消解。

译文

进攻、索取的性情解开了，即使是鱼、鸟也会与你亲近，悖谬、乖戾的脾气消解了，世间的道路也就不可怕了。

原文

吉人[1]安祥，即[2]梦寐神魂，无非和气[3]；凶人狠戾[4]，即声音笑语，浑[5]是杀机。

注释

①吉人：好人。②即：即使。③无非和气：也没有不和和气气的。④狠戾：凶狠暴

戾。⑤浑：到处。

译文

好人慈祥和蔼，即使是梦中的神仙鬼魂，也没有不和气的；凶狠之人行为暴戾残忍，即使是说话言笑的声音，也充满着杀气。

原文

能脱俗①便是奇，不合污②便是清。处③巧若拙，处④明若晦，处动若静。

注释

①脱俗：脱离世俗。②合污：一起污浊。③处：处理。④处：居于，处于。

译文

能够超脱世俗便是不平凡；能够不同流合污便是清高。越是处理巧妙的事情，越要以朴拙的方法处理；处于暴露之处能善于隐蔽；处于动荡的环境，要像处在平静的环境中一般。

原文

参玄借以见性①，谈道借以修真②。

注释

①参玄：参悟玄学。见性：洞察人性。②谈道：谈论道学。修真：修身养性。

译文

参悟玄理，借此来洞察人性，谈论道学，借此来修身养性。

原文

世人皆醒时作浊事[1]，安得[2]睡时有清身？若欲睡时得清身，须于醒时有清意。

注释

①皆：都。浊事：糊涂事。②安得：怎么能够。

译文

世间的人都是在清醒之时做糊涂事，怎么能够在睡觉的时候拥有清白之身呢？倘若想在睡着的时候拥有清白之身，必须在清醒的时候存有清白之意。

原文

好读书非求身后之名，但异见异闻[1]，心之所愿[2]。是以孜孜搜讨[3]，欲罢不能[4]，岂为声名劳七尺[5]也？

注释

①但异见异闻：只是为了获得独特的见解和见闻。②愿：希望，盼望。③是以：因此。孜孜搜讨：指非常勤奋认真地搜索知识、探讨问题。④欲罢不能：想要停下来都不行。罢，罢手，停止。⑤劳七尺：使七尺之躯劳累。

译文

喜好读书不是为了谋求身后的名声，而只是为了获得独特的见解和见闻，这才是心中的愿望。因此会孜孜不倦地搜索讨教，想要停下来都不能，怎么会是为了赢得好名声而使七尺身躯劳累呢？

原文

招客留宾，为欢可喜，未断尘世之扳援[1]；浇花种树，嗜好虽清[2]，亦是道人之魔障[3]。

注释

①扳援：联系。②清：清雅。③道人：为道修行的人。魔障：佛教用语，恶魔所设的障碍，也泛指波折。

译文

招呼、款待宾客，虽然大家十分欢乐，却无法了断尘情的攀缘。喜欢浇浇花、种种树，这种嗜好虽然十分清雅，但也是修道的障碍。

原文

人常想病时，则尘心[①]便减；人常想死时，则道念[②]自生。

注释

①尘心：尘世之心。②道念：修道的想法。

译文

人经常想到生病的痛苦，就会使凡俗的追求名利之心减少；人经常想到有死亡的那一天，那么追求生命永恒的念头便自然而生。

原文

入道场[①]而随喜，则修行之念勃兴；登邱墓而徘徊[②]，则名利之心顿尽[③]。

注释

①道场：指道观、寺院等修道信佛的场所。②徘徊：来来回回地走。③顿尽：立刻就消失。顿，立刻。

译文

来到寺院道观并随之欣喜，那么修行的念头就会很强烈；登上邱墓而来回徘徊，那么争名夺利的想法就会立刻熄灭。

原文

铄金玷玉[①]，从来不乏乎谗人；洗垢索瘢[②]，尤[③]好求多于佳士。止作秋风过耳[④]，何妨尺雾障[⑤]天。

注释

①铄金玷玉：比喻激烈的诽谤、诋毁。铄金，语出《国语·周语下》："众心成城，众口铄金。"玷玉，玷污白玉，语出《论衡·累害》："以玷污言之，清受尘而白取垢；以毁谤言之，忠良见妒，高奇见噪。"②洗垢索瘢：洗去污秽后，仍然索寻瘢痕。形容过分挑剔。③尤：尤其。④秋风过耳：秋风吹过耳朵，比喻不在意，漠不关心。⑤障：遮蔽。

译文

诽谤诋毁他人，自古以来就不缺少进谗言的人；洗去污秽后仍然索寻瘢痕，过分挑剔，尤其喜欢对那些佳士吹毛求疵。就当是秋风吹过耳朵，不要在意，要知道一尺的雾怎么能够遮住整个天呢？

原文

欲[①]不除，似蛾扑灯[②]，焚身乃止[③]；贪无了[④]，如猩嗜酒[⑤]，鞭血方休[⑥]。

注释

①欲：欲望。②似蛾扑灯：指为了实现欲望不惜牺牲生命。语出《梁书·到溉传》："如飞蛾之赴火，岂焚身之可吝？"③乃：才。止：停止。④了：了断。⑤如猩嗜酒：指为了实现欲望不惜牺牲生命。《唐国史补》有云："猩猩者好酒与屐，人有取之者，置二物以诱之。猩猩始见，必大骂曰：'诱我也！'乃绝走远去，久而复来，稍稍相劝，俄顷俱醉，因遂获之。"⑥方：才。休：停止，罢休。

译文

欲望不除，就好像是飞蛾扑火一样，直到最后将自己焚烧了才停止；贪念不了断，就好像是猩猩嗜好饮酒一样，直到最终身体被鞭打出血才肯罢休。

原文

涉①江湖者，然后知波涛之汹涌；登山岳者，然后知蹊径②之崎岖。

注释

①涉：跋涉。②蹊径：途径。

译文

走过江湖的人，才知道江湖波涛汹涌的凶险；登过山岳的人，才能明白山间小道的崎岖不平。

原文

人生待足①，何时足；未老得闲，始②是闲。

注释

①待足：等待满足。②始：才。

译文

人活在世上，等待着得到满足，什么时候才能真正满足呢？在未衰老时能得到闲适的心境，这就是真正的清闲。

原文

谈空反被空迷①，耽②静多为静缚。

注释

①空：超乎于现实之上的境界。迷：迷惑。②耽：沉溺。

译文

谈论空寂之道的人却反而受到空寂的迷惑；沉溺静境中的人却反而被静境束缚。

原文

旧无陶令酒巾①，新撇张颠②书草；何妨与世昏昏③，只问吾心了了④。

注释

①陶令酒巾：据《宋书·隐逸传·陶潜》记载，陶潜每当酒熟了的时候，就会取下头上的葛巾漉酒。②张颠：唐代著名的书法家张旭，善于酒后书写狂草字体。《新唐书》有云："每大醉，呼叫狂走，乃下笔，或以头濡墨而书，既醒自视，以为神，不可复得也。世呼张颠。"③昏昏：指生活的不清醒。④了了：清楚明白。

译文

以前我没有陶潜的酒巾漉酒，现在也撇下了张颠酒醉后的狂草；表面上与世俗一样浑浑噩噩又有何妨呢，只要我内心清如明镜就行。

原文

以书史①为园林，以歌咏为鼓吹，以理义为膏粱②，以著述为文绣③，以诵读为灾畲④，以记问为居积⑤，以前言往行⑥为师友，以忠信笃敬⑦为修持，以作善降祥为因果⑧，以乐天知命为西方⑨。

注释

①书史：书籍经史。②理义：道理正义。膏粱：美食佳肴。③文绣：华美的刺绣。④灾畲：劳动耕作。⑤记问：记诵讨教。居积：囤积。⑥前言往行：以往的贤圣之人的言

行。⑦忠信笃敬：忠实守信，笃学恭敬。⑧因果：佛教的因果报应说。⑨乐天知命：安于天命，知足常乐。西方：佛教术语，指极乐世界。

译文

把阅读书籍经史当作园林观赏，把歌咏当作鼓吹乐器，把道理正义当作人间美食，把著述立说当作美丽的刺绣，把诵读诗书当作劳动耕作，把记诵讨教当作囤积物品，把以往的贤人的言行当作老师和朋友，把忠实守信、笃学恭敬当作修身自持之道，把行善积德视为因果循环，把乐天知命视为西方极乐世界。

原文

云烟影里见真身①，始悟形骸为桎梏②；禽鸟声中闻自性③，方知情识④是戈矛。

注释

①云烟影里：比喻如同烟云一样飘浮不定、模糊不清的尘世。真身：真实的自我。②形骸：躯体。桎梏：原为犯人所戴的手铐和脚镣，后泛指束缚、约束。③自性：原本的性情。④情识：感情和妄见。

译文

在云影烟雾中显现出真正的自我，才明白肉身原来是拘束人的东西；在鸟鸣声中听见了自然的本性，才知道感情和妄见原来是攻击人的戈矛。

原文

事理因人言而悟者①，有悟还有迷，总不如自悟之了了②；意兴③从外境而得者，有得还有失，总不如自得之休休④。

注释

①事理：事情的道理。因：通过。②了了：清楚明白。③意兴：意趣、兴致。④休休：安闲快乐。

译文

事物的道理经过他人的提醒才领悟，那么即使暂时明白了，也一定还会有迷惑的时候，总不如由自己领悟来得清楚明白；意趣和兴味由外界环境而产生，得到了也还会再失去，总不如自得于心那样真正地快乐。

原文

白日欺人，难逃清夜之愧赧①；红颜②失志，空遗皓首之悲伤③。

注释

①愧赧：愧疚羞赧。②红颜：指年轻之时。③空：徒然。遗：留下。皓首：指白发年老之时。

译文

在白天欺负人，那么在清静的晚上就难以逃脱愧疚羞赧之情；年纪轻轻就丧失志气，则徒然流露年迈之时的悲伤。

原文

定云止水①中，有鸢飞鱼跃的景象；风狂雨骤②处，有波恬浪静的风光。

注释

①定云止水：静止的白云碧水。②骤：急。

译文

在静止的白云碧水之中，有鸢在云间穿飞，鱼在水中跳跃的景象；在狂风骤雨之中，也有风平浪静的恬美风光。

原文

世上人事无穷①，越干越见不了；我辈②光阴有限，越闲越见清高。

注释

①无穷：没有穷尽。②我辈：像我这样的人。

译文

世上人们之间的事没有穷尽，越干越觉得干不完；而像我这样的人光阴有限，越是清闲就越显得清高。

原文

两刃相迎俱伤①，两强相敌②俱败。

注释

①刃：兵刃。俱：都。②敌：对抗。

译文

两件兵器锋刃相接，则两件兵器都会受到损伤；两个强敌互相对抗，则两个人都会遭受失败。

原文

博览广①识见，寡②交少是非。

注释

①广：增长，增加。②寡：少。

译文

广泛观览可以增长见识，少与人交际可以减少是非。

原文

明霞可爱，瞬眼而辄空①；流水堪听，过耳而不恋。人能以明霞视美色，则业障②自轻；人能以流水听弦歌，则性灵何害？

注释

①瞬眼：转眼间，形容很快。辄：就。②业障：佛教术语，指妨碍修行的障碍。

译文

美丽的云霞十分可爱，往往转眼之间就无影无踪了；流水潺潺十分动听，但是听过也就不再留恋。人们如果以观赏云霞的眼光去看待美人姿色，那么贪恋美色的恶念自然会减轻。如果人们能以听流水的心情来听弦音歌唱，那么弦音歌声对我们的性灵又有什么损害呢？

原文

休①怨我不如人，不如我者常众②；休夸我能胜③人，胜如我者更多。

注释

①休：莫，不要。②常众：很多。③胜：超过。

译文

不要怪我比不上别人，不如我的人多得是；不要夸我比别人强，比我强的人还有很多。

原文

人心好胜①，我以胜应②必败；人情好谦③，我以谦处反④胜。

注释

①好胜：争强好胜。②应：应付，应对。③谦：谦虚。④反：反而。

译文

人总是会争强好胜，倘若我也用争胜心来应对的话，最终必然会失败；人总是爱谦虚，假如我用谦虚来应对的话，反而会取胜。

原文

人言天不禁[1]人富贵，而禁人清闲，人自[2]不闲耳。若能随遇而安，不图将来，不追既往[3]，不蔽[4]目前，何不清闲之有？

注释

①禁：禁止。②自：自己。③既往：已经过去的，以往。④蔽：遮蔽。

译文

人们常说上天不会禁止人去追求和享受荣华富贵，但禁止人们过清闲的日子，这实际上也是人们自己不愿意清闲下来罢了。如果一个人在任何环境下都自得其乐，不为将来去悉心计划，不对过去的生活追悔不安，也不被眼前的名利所蒙蔽，这样哪能不清闲呢？

原文

暗室贞邪[1]谁见，忽而万口喧传；自心善恶炯然[2]，凛于四王考校[3]。

注释

①贞邪：忠贞与奸邪。②炯然：形容很清楚。③四王：佛教中执掌刑法戒律的四大天王。考校：审查拷问。

译文

暗室中的忠贞与奸邪，有谁看到了，忽然间大家就都在议论言说；自己是善还是恶心中很明白，所以能凛然地接受执掌刑法戒律的四大天王的拷问审查。

原文

寒山[①]诗云："有人来骂我，分明了了[②]知，虽然不应对，却是得便宜。"此言宜深[③]玩味。

注释

①寒山：唐代著名的诗僧，号寒山子。②了了：清楚，明白。③深：仔细。

译文

寒山子在诗中说："有人来辱骂我，我分明听得很清楚，虽然我不会去应对理睬，却是已经得了很大的好处。"这句话很值得我们认真地思考体会。

原文

有誉于前[①]，不若无毁于后[②]；有乐于身，不若无忧于心。

注释

①誉：美誉，赞美。前：面前。②毁：诋毁。后：身后，背后。

译文

追求当面的赞美，不如避免背后的诽谤；追求身体上的快乐享受，不如追求无忧无虑的心境。

原文

富时不俭[①]贫时悔，潜时[②]不学用时悔，醉后狂言醒时悔，安不将息[③]病时悔。

注释

①俭：节俭。②潜时：潜藏还没有显露的时候，在此指平常的时候。③安不将息：安康的时候不好好休息调养。

译文

富贵的时候不知道节俭，等到贫穷之时就会懊悔，平时不好好学习，等到用得着的时候就会后悔，喝醉之后说出狂妄之言，等到酒醒之后就会懊悔，安康的时候不好好休息调养，等到生病的时候就会悔恨。

原文

寒灰内，半星之活火[①]；浊流中，一线之清泉。

注释

①活火：可以燃烧、没有熄灭的火。

译文

已经寒冷的灰烬中，尚且还存有半星可以燃烧的火；污浊的河流之中，尚且还有一丝清泉。

原文

乍交不可倾倒[①]，倾倒则交不终；久与不可隐匿[②]，隐匿则心必险[③]。

注释

①乍：刚刚开始。倾倒：全部都倒出来，在此指把所有的话都说出来。②隐匿：隐瞒。③险：险恶。

译文

刚刚与人结交的时候不能什么话都说，什么话都说，交情就不能善始善终；交往时间长了，说话就不能再有所隐瞒，要畅所欲言，说话有所隐瞒，必然会心存险恶。

原文

丹之所藏者赤，墨之所藏者黑。

译文

保藏丹砂的物品时间长了就会变红，保存墨的物品时间长了就会变黑。

原文

懒可卧①，不可风；静可坐，不可思；闷可对②，不可独；劳可酒，不可食；醉可睡，不可淫。

注释

①卧：躺。②对：指与人共处。

译文

懒的时候可以卧躺着，而不能奔走吹风；平静的时候可以闲坐，而不能思考；烦闷的时候可以与人共处，而不可独自一人；劳累的时候可以喝点儿小酒，而不能暴饮暴食；喝醉了可以睡觉，而不能淫乐。

原文

书生薄命原同妾①，丞相怜才不论官②。

注释

①原同妾：原本就和女子一样。②丞相怜才不论官：出自《汉书·公孙弘传》。公孙

弘出身贫贱，数年之后官至丞相，“于是起客馆，开东阁以延贤人，与参谋议，弘身食一肉，脱粟饭，故人宾客仰衣食，俸禄皆以给之，家无所余。”

译文

书生命运悲惨，原本就和女子一样；丞相爱惜人才，不管是否为官、官位高低。

原文

拨开世上尘氛[①]，胸中自无火炎冰兢[②]；消却心中鄙吝[③]，眼前时有月到风来。

注释

①尘氛：尘世的氛围。②火炎冰兢：比喻焦闷和恐惧不安。③鄙吝：卑鄙庸俗。

译文

能够将世界上凡俗纷扰的气氛搁置一边，那么心中就不会有像火烧一样的焦灼，也不会有如履薄冰般的胆战心惊；消除心中的卑鄙与吝啬，就可以感受到如同处在清风明月中的心境。

原文

尘缘[①]割断，烦恼从何处安身？世虑潜消，清虚向此中立脚。

注释

①尘缘：尘世间的色、声、香、味、触、法六种根缘。

译文

割断了尘世中的色、声、香、味、触、法六种根缘，烦恼将在何处安身呢？消除了世间的种种顾虑杂念，清净虚无自然也会在此之中立住脚。

原文

市[①]争利，朝[②]争名，盖棺日何物可殉蒿里[③]？春赏花，秋赏月，荷锸时此身常醉蓬莱[④]。

注释

①市：市井。②朝：朝廷。③蒿里：葬地名。《汉书·广陵厉王传》有云："蒿里召兮郭门阅，死不得取代庸，身自逝。"④荷锸时：指死的时候。出自《晋书·刘伶传》。刘伶经常乘坐一鹿车，带一壶酒，让人带着铁锹跟随着他，并对拿铁锹的人说等自己死了就把自己埋了。荷：负荷，带着。锸：类似于铁锹。蓬莱：传说中的神仙境界。

译文

市井之中争夺利益，朝廷之中争夺名声，等到死去盖棺之日，这些名利又有什么可以殉葬到葬地之中的呢？春天赏花，秋天赏月，等到死的时候就会觉得自己如同处在蓬莱仙境一样。

原文

驷马难追[1]，吾欲三缄其口[2]；隙驹易过[3]，人当寸惜乎阴。

注释

①驷马难追：话一旦说出去，四匹宝马也追不回，指说话做事一旦成为事实，就难以挽回了。②三缄其口：形容说话十分谨慎，不肯或不敢开口。出自汉代刘向《说苑·敬慎》："孔子之周，观于太庙，右阶之前有金人焉。三缄其口，而铭其背曰：'古之慎言人也，戒之哉，戒之哉！无多言，多言多败。'"③隙驹易过：比喻时间过得飞快，出自《庄子·知北游》："人生天地之间，若白驹之过隙，忽然而已。"

译文

君子一言既出，驷马难追，所以我说话要十分慎重，沉默思考几次之后再说；时间如同白驹过隙，转眼即逝，因此人应该珍惜每寸光阴。

原文

万分廉洁，止是小善；一点贪污，便为大恶。

译文

万分的廉洁，也只是一点儿小小的善行；一丁点儿的贪污，就是极大的罪恶。

原文

炫奇之疾[1]，医以平易；英发之疾[2]，医以深沉；阔大[3]之疾，医以充实。

注释

①炫奇：炫耀奇特。疾：毛病。②英发：表露英气才华。③阔大：空大、空疏不实。

译文

卖弄炫耀的毛病，要用简易平实来纠正；好表现聪明才智的毛病，要用深厚沉着来纠正；言行迂阔、随意的毛病，要用充实来纠正。

原文

贫不足①羞，可羞是贫而无志；贱不足恶，可恶是贱而无能；老不足叹，可叹是老而虚生②；死不足悲，可悲是死而无补③。

注释

①足：值得。②虚生：虚度一生。③死而无补：死了（对社会）也没有什么作用和贡献。

译文

贫穷并不是值得羞愧的事，值得羞愧的是贫穷却没有志气；地位卑贱并不令人厌恶，可厌恶的是卑贱而又无能；年老并不值得叹息，值得叹息的是年老时已虚度一生；死并不值得悲伤，可悲的是死时却对世人没有任何益处。

原文

休委罪于气化①，一切责之人事；休过望于世间②，一切求之我身。

注释

①休：不要。委罪：委推罪过。②过望于世间：把过分的希望寄托于世间。

译文

不要把罪过推给所谓的气数，一切都应该怪罪人事；不要把过分的希望寄托于世间，一切都应该自己去寻求，去努力。

原文

世人白昼寐语[①]，苟[②]能寐中作白昼语，可谓常惺惺[③]矣。

注释

①寐语：梦话。②苟：倘若。③惺惺：警觉、清醒。

译文

世上的人白日里尽讲些梦话，倘若能在睡梦中讲清醒时该讲的话，这人可说是能常常保持警觉的状态了。

原文

观世态之极幻，则浮云转有常情[①]；咀世味之昏空[②]，则流水翻多浓旨[③]。

注释

①常情：通常的情理。②昏空：苦涩空虚。③浓旨：深厚的味道。

译文

观察世间种种情态急剧变化，会感觉到天上浮云之变动反而比人情世态的剧变还更有常情可循；体味世间人情昏沉空洞，倒不如看潺潺的流水浪花旋转更能使人品味其中深厚的意趣。

原文

大凡聪明之人，极是误事。何以故，惟聪明生[①]意见，意见一生[②]，便不忍舍割。往往溺[③]于爱河欲海者，皆极聪明之人。

注释

①生：萌生，产生。②一生：一旦萌生。③溺：沉溺。

译文

一般而言，聪明之人很容易误事。这是何原因呢，只是因为聪明人会有很多意见，意见、见解一旦萌生，就不忍心割舍。往往沉溺于爱河欲海之中的人，都是非常聪明的人。

原文

是非不到钓鱼处[①]，荣辱常随骑马人[②]。

注释

①钓鱼处：喻指与世无争的隐逸之处。②骑马人：喻指尘世中追名逐利的达官贵人。

译文

是是非非不会到达尘世之外与世无争的垂钓之处，荣辱纷争常常伴随骑马的达官贵人。

原文

名心未化，对妻孥[①]亦自矜庄；隐衷释然[②]，即梦寐皆成清楚。

注释

①妻孥：指妻子儿女。②释然：释放，释怀。

译文

争名好利之心还没有消除，纵然是对妻子儿女也要矜持庄重；隐衷释怀了，即使是在梦中也会十分清醒。

原文

观苏季子以贫穷得志[①]，则负郭[②]二顷田，误[③]人实多；观苏季子以功名杀身，则武安六国印[④]，害人亦不浅。

注释

①苏季子以贫穷得志：出自《战国策》。苏季子即苏秦，战国时期著名的纵横家，游说六国合纵抗秦期间，封为武安君，掌管六国合纵之印。而之前贫寒不得志，家中亲人对其极为冷淡，甚至是嫌弃。富贵之后，路过家中时兄嫂前倨后恭，父母、妻子前后态度相差也甚大。苏秦感叹道："此一人之身，富贵则亲戚畏惧之，贫贱则轻易之，况众人乎！且使我有雒阳负郭田二顷，吾岂能佩六国相印乎！"后来因为与人争夺权势被害。②负郭：临近城郭。③误：耽误。④武安六国印：武安君的爵位、六国兵印。

译文

从苏秦因为贫穷反而实现了志向来看，那么临近城郭的两顷良田，对人的耽误实在是太大了；从苏秦因为争夺功名而被杀害来看，那么武安君的爵位、六国兵印也的确是害人不浅啊。

原文

己情不可纵①，当用逆之法制之②，其道③在一忍字。人情不可拂④，当用顺之法调之，其道在一恕⑤字。

注释

①纵：放纵。②逆：相反。制：限制，抑制。③道：方法。④拂：拂逆，违背。⑤恕：宽恕。

译文

自己的欲念不可放纵，应当用抑制的办法制止，关键的方法就在一个"忍"字。他人所要求的事情不可拂逆，应当用顺应的办法控制，关键的方法就在一个"恕"字。

原文

文章不疗山水癖①，身心每被野云羁②。

注释

①疗：治疗，疗养。癖：癖好。②被：遭受。羁：羁绊。

译文

文章不能治愈沉溺山水的癖好，身体和心灵常常被山野白云所羁绊。

精彩点拨

《小窗幽记》开卷直指社会弊端，形象地把生活中沉溺于醉态的丑陋进行鞭挞，对那些纸醉金迷、浑浑噩噩、昏迷不醒、当一天和尚撞一天钟的消极、颓唐、玩世不恭的处世思想进行了批判。由此，第一卷看病下方，总结醒醉格言，可谓清冽毒辣，使人耳目清新，顿悟人生。

阅读积累

《搜神记》

《搜神记》是中国东晋史学家干宝创作的一部神话怪异小说集。素材来自民间传说，大多篇幅短小，情节简单，设想奇幻，极富浪漫主义色彩，对后世影响深远。原本《搜神记》已散失，今本是后人不断增添内容缀辑而成的，大小故事454个，分20卷。它是我国古代神话传说集大成的著作，开创了我国古代神话小说的先河。

《搜神记》里的主角有鬼、妖怪、神仙，杂糅佛道，大多是神灵怪异之事，也有一部分属于民间传说。大部分故事在一定程度上反映了古代人民的思想感情。卷一仙女下嫁董永的故事，卷十一孝妇周青蒙冤的故事、韩凭夫妇的传说等都是《搜神记》的精华，历代长传不衰。

卷二　情

精彩导读

《情》是《小窗幽记》中的第二卷散文。涉及爱情、乡愁等。作者立意高雅，格调清新，以历史上著名的文人学士为素材，点出“情”的主题，把他们的爱情作为主线，进行开篇描写，刻画出本篇散文的故事结构，从而描写了生活中的各种不同的爱情故事。

原文

情语云①，当为情死，不当为情怨。关乎情者，原可死而不可怨者也。虽然②既③云情矣，此身已为情有，又何忍死耶？然不死终不透彻耳。君平之柳④，崔护之花⑤，汉宫之流叶⑥，蜀女之飘梧⑦，令后世有情人之咨嗟想慕，托之语言，寄之歌咏。而奴无昆仑⑧，客无黄衫⑨，知己无押衙⑩，同志无虞侯⑪，则虽盟在海棠，终是陌路萧郎⑫耳。集情第二。

注释

①语云：俗话说。云，说。②虽然：虽然这样。③既：既然。④君平之柳：出自唐代许尧佐《柳氏传》。君平即韩翃，安史之乱中韩翃与其爱妾柳氏失散，柳氏就出家为尼，后来韩翃曾寄书信给柳氏，信云：“章台柳，章台柳，昔日青春今在否？纵使长条似旧垂，亦应攀折他人手。”柳氏回信云：“杨柳枝，芳菲节，所恨年年赠离别。一叶随风忽报秋，纵使君来岂堪折。”可是之后不久，番将沙咤利恃平反有功强抢柳氏，柳拒不从，最终虞侯巧设计策，二人才终得团聚。⑤崔护之花：据《本事诗·情感》记载，崔护曾在清明之时到城南游赏，对一位女子十分钟情。第二年清明之时再次来到故地，桃花依旧，门墙如故，可是这位女子已不在，因此题诗：“去年今日此门中，人面桃花相映红。人面不知何处去，桃花依旧笑春风。”⑥汉宫之流叶：据唐代范摅《云溪友议》记载，唐宣宗之时，卢渥前往京城赶考，途中在御沟的流水中洗手，在清冽的水中忽然发现一片较大的红叶上面有墨印。他随手将叶子取出，发现红叶上竟然题着一首诗：“流水何太急，深宫

尽日闲。殷勤谢红叶，好去到人间。”后来唐宣宗将一部分宫女送出宫外，许配给官吏，卢渥又恰巧得到那位题诗于红叶之上的女子。⑦蜀女之飘梧：据载，后蜀时的尚书侯继图的妻子曾在梧桐叶上书写相思之诗，后来与侯继图成婚。⑧奴无昆仑：出自唐代裴铏的传奇小说《昆仑奴》。唐代大历年间，崔生受父命前去拜见一品勋臣，勋臣让穿着红绡的美姬为崔生奉上甘酪，崔生对红绡女子一见钟情，之后就将此事告诉给了昆仑奴摩勒，摩勒最终将红绡女子从勋臣府中偷出。⑨客无黄衫：出自唐代蒋防的传奇小说《霍小玉传》。才女霍小玉与才子李益互定终身，可后来却被李益抛弃，霍小玉忧郁成疾。侠士黄衫客把李益挟持到霍小玉面前，霍小玉见到李益后最终一恸而亡。⑩押衙：唐传奇《无双传》中的人物，在他的帮助下尚书之女刘无双与贫寒书生王仙客最终有情人终成眷属。⑪虞侯：虞侯巧设计谋将柳氏从番将沙咤利手中救出，柳氏与韩翃终得团聚。⑫陌路萧郎：据唐代范摅《云溪友议》记载，书生崔郊与姑母家婢女相爱，后来姑母家道中落将婢女卖给连帅。崔郊伤心不已，两人相见泣涕涟涟。崔郊作诗“侯门一入深似海，从此萧郎是路人”。连帅知道此事后，就将婢女归还给崔郊，两人终成眷属。萧郎，女子对其所爱的男子的称呼。

译文

情语说：应当为情而死，不应当为情而生怨。关于感情的事，本来就是只可为对方死，却不应当生出怨心的。虽然对情这么看，身已在情中，又有什么不愿死的呢？如果不到死这一步，总不见情爱的深刻。韩君平的章台柳，崔护的人面桃花，宫廷御沟的红叶题诗，蜀女题诗梧叶飘飞，这些故事都让后世有情人叹息羡慕，用文字记载下来，或者写成诗歌吟咏。既然没有能劫得佳人的昆仑奴，又无身着黄衫的豪客，没有古押衙这样的知己，又无像虞侯一样志向相同的人，那么，即使是有海棠花下的誓约，终究不免成为陌路萧郎。于是编撰了第二卷《情》。

原文

几条杨柳①，沾来多少啼痕②；三叠阳关③，唱彻古今离恨。

注释

①杨柳：古时杨柳是送别的象征。②啼痕：啼哭的泪痕。③三叠阳关：即王维的《渭城曲》，又名《送元二使安西》，后来被收进乐府，成为著名的送别诗。几枝杨柳，沾上了多少离别之泪；《三重阳关》，唱尽了古往今来的离情别恨。

译文

送别折下的几条柳枝，沾染了多少离人的泪水；阳关三叠的乐曲，唱尽了古今分离时的情怀。

原文

荀令君[1]至人家，坐处留香三日。

注释

①荀令君：即荀彧，汉末人，曾任尚书令，因此被称为“荀令君”。据有关资料记载，他的衣带常常染有香气，所到之处，香味三日不绝。

译文

荀令君到别人家，所坐之处香气常常三日不绝。

原文

罄南山之竹[1]，写意[2]无穷；决[3]东海之波，流情不尽；愁如云而长聚[4]，泪若水以难干。

注释

①罄：完。南山：指终南山。②写意：写出心中的情意。③决：决开。④长聚：长时间的聚集。

译文

用尽了终南山的竹子，也写不完心中的情意；决开东海的碧浪波涛，也流不完心中的感情；忧愁就像云彩一样，淤积心中，长久不散，眼泪就像川流不息的水一样，难以干涸。

原文

弄绿绮之琴[1]，焉得文君之听[2]；濡彩毫之笔，难描京兆之眉；瞻云望月[3]，无非凄怆之声；弄柳拈花，尽是销魂之处。

注释

①绿绮之琴：古琴名，司马相如之琴。傅玄的《琴赋序》中有云："齐桓公有鸣琴曰号钟，楚庄王有鸣琴曰绕梁，中世司马相如有绿绮，蔡邕有焦尾，皆名器也。"②文君：即卓文君。文君之听：据《史记·司马相如列传》记载，司马相如在卓家抚琴，卓文君为琴声所动，夜奔相如。③瞻云望月：瞻望天上的云和月。

译文

拨弄着名为绿绮的琴，怎样才能招引文君这样的女子来听；蘸湿了画眉的彩笔，难以描画像张敞所绘的眉线；举首遥望天山的云彩朗月，听到的无非是凄凉悲怆的声音；攀花摘柳，都是在让人丧魂落魄的地方。

原文

悲火[1]常烧心曲，愁云频压眉尖[2]。

注释

①悲火：悲伤像火一样。②愁云：忧愁像云彩一样。频：频繁。

译文

悲伤像火一样常常灼烧内心，愁绪像云彩一样频频地压在眉梢。

原文

五更三四点[1]，点点生愁；一日十二时[2]，时时寄恨。

注释

①五更三四点：古时将一夜分为五更，每更又分为五点。②一日十二时：古时白天分为十二时。

译文

五更天三四点的时候，每一点都让人生出愁绪；一日有十二时，无时无刻不寄生出离恨。

原文

燕约莺期[①]，变作鸾悲凤泣；蜂媒蝶使[②]，翻成绿惨红愁。

注释

①约：约会。期：幽期。②媒：媒介。使：使者。

译文

燕子、黄莺的约会幽期，最终变成了凤凰与鸾鸟的悲伤哀泣；蜜蜂、蝴蝶作为媒介、使者，反而增添了红花绿叶的忧愁。

原文

花柳深藏淑女居，何殊弱水三千[①]？雨云不入襄王梦，空忆十二巫山[②]。

注释

①何殊：有什么差别。弱水三千：《十洲记》中有云："凤麟洲在西海之中央……洲四面有弱水绕之，鸿毛不浮，不可越也。"②"雨云不入"两句：宋玉的《高唐赋》中有楚怀王与巫山神女相会之事。襄王即楚怀王；十二巫山即指巫山十二峰。

译文

幽静而美好的女子，她的深闺锁在花丛柳荫的深处，就好像蓬莱之外三千里的弱水，有谁能渡？行云行雨的神女，不来襄王的梦里，就算空想巫山十二峰，又有什么用呢？

原文

万里关河，鸿雁①来时悲信断；满腔愁绪，子规②啼处忆人归。

注释

①鸿雁：古时通信不方便，经常有人借鸿雁来传书信。②子规：即杜鹃，杜鹃的啼声十分哀绝，容易引起人的悲伤。

译文

中间隔着万里关山，每当鸿雁飞来之时都会因音信断绝而悲伤；满腔的忧愁，每当杜鹃啼叫的时候，都会幻想离人的归来。

原文

豆蔻①不消心上恨，丁香②空结雨中愁。

注释

①豆蔻：喻指少女。②丁香：它的果实由两片如同鸡舌的子叶合抱而成，就像同心结一样，因此丁香暗指忧愁。唐代李商隐《代赠》：“芭蕉不解丁香结，同向春风各自愁。”

译文

豆蔻年华的少女心中的幽恨难消，只为那丁香花在雨中忧愁地开着。

原文

慈悲筏①，济②人出相思海，恩爱梯③，接人下离恨天④。

注释

①筏：竹筏。②济：渡。③梯：梯子。④离恨天：充满离愁别恨的天空。

译文

用慈悲作筏可以渡人驶出相思的苦海，用恩爱作梯子可以使人走出离恨的天地。

原文

费长房[①]，缩不尽相思地；女娲氏[②]，补不完离恨天。

注释

①费长房：相传费长房曾经跟随壶公学道修行，能够医治百病，还会缩地术，缩地行走十分迅速。②女娲氏：传说中的女娲娘娘，曾用五色石补天。

译文

即使有传说中费长房那样的缩地法术，也不能将相思的距离拉近；即使有女娲氏补天之术，也补不了离别的情天。

原文

孤灯夜雨，空把青年误[①]，楼外青山无数，隔不断新愁来路。

注释

①空：徒然。误：耽误。

译文

孤灯一盏，凄凉夜雨，徒然把大好青春给耽误了，楼外虽然有无数的青山，却阻隔不了新愁前来的道路。

原文

黄叶无风自落，秋云不雨[1]长阴。天若有情天亦老，摇摇幽恨难禁[2]。惆怅旧欢如梦，觉[3]来无处追寻。

注释

①雨：下雨。②难禁：难以忍受。③觉：睡觉醒来。

译文

黄叶在无风时也会自然飘落，秋日虽不下雨却总弥漫着阴云。如果天有情，那么天也会因情愁而衰老，飘摇在心中的怨恨真是难以承受啊！寂寞哀怨回想旧日的欢乐，仿佛在梦中一般，醒来后却无处追寻往日的欢乐。

原文

蛾眉未赎[1]，谩劳桐叶寄相思[2]；潮信[3]难通，空向桃花寻往迹[4]。

注释

①蛾眉：代指美丽的女子。赎：赎身。②谩劳：徒劳。桐叶寄相思：据载，后蜀时的尚书侯继图的妻子曾在梧桐叶上写诗以寄托相思之情。③潮信：音信。④空向桃花寻往迹：化用崔护“人面桃花”的典故。

译文

美丽的女子还未能赎身，即使是用梧桐叶寄托相思也无济于事；音信不通，只能徒然在桃花中寻找往日的足迹。

原文

琴罢辄[1]举酒，酒罢辄吟诗，三友递[2]相引，循环无已时[3]。

注释

①辄：就。②递：交替。③无已时：没有停止的时候。

译文

弹奏完琴就举杯痛饮，喝过酒就吟赏诗文，三位朋友接替相邀，循环往复没有停下来的时候。

原文

阮籍[①]邻家少妇，有美色，当垆沽酒[②]，籍常诣[③]饮，醉便卧其侧。隔帘闻坠钗声[④]，而不动念[⑤]者，此人不痴则慧，我幸在不痴不慧中。

注释

①阮籍：魏晋时期的名士，字嗣宗，是建安七子之一阮瑀的儿子，博览群书，崇奉老庄之学。据有关资料记载，阮籍邻家有位少妇，十分美貌，以卖酒为生，阮籍经常与一些朋友前去喝酒，醉了就在少妇的旁边躺下睡觉，但是并没有什么邪念，光明磊落，只是性情有些乖张而已。②当垆沽酒：古时酒店里为了安放酒瓮就用泥土垒砌成垆，卖酒的人坐在旁边，故称“当垆沽酒”。③诣：到。④坠钗声：玉钗落地的声音。⑤念：邪念。

译文

阮籍家隔壁有个少妇，十分美貌，以卖酒为业，阮籍常去饮酒，醉了便睡在她的身旁。隔着帘子听见玉钗落下的声音，而心中不起邪念的人，不是痴人便是慧者，幸而我是个不痴不慧的人。

原文

桃叶题情[①]，柳丝牵恨[②]。

注释

①题情：题写诗句，寄托别情。②牵恨：牵动离恨。

译文

桃叶题写诗句寄托着别情，柳丝摇摆牵动着离恨。

原文

吴妖小玉飞作烟①，越艳西施化为土②。

注释

①吴妖小玉飞作烟：出自唐传奇《搜神记》。吴王夫差之女紫玉与书生韩重情投意合，两情相悦，可吴王不准许，紫玉竟然气绝身亡。之后韩重前来凭吊，紫玉又现出真身，其母见到之后，前去抱住女儿，可是紫玉却化作了一缕青烟。②越艳西施化为土：西施，中国古代四大美女之一，原是越国人，越被吴所灭之后，越王勾践将其送给吴王夫差，勾践卧薪尝胆终于完成复国大业，而西施也终于与之前的恋人范蠡再度相聚。

译文

吴宫妖艳的美女小玉已经化作烟尘飘散了，越国美丽的西施也已成为黄土融入自然。

原文

妙唱①非关舌，多情岂在腰。

注释

①妙唱：美妙的歌声。

译文

美妙的歌声并不是都源自舌头，妖娆多情的姿态也并不是都在腰上。

原文

楚王宫里，无不推其细腰[1]；魏国佳人，俱言讶其纤手[2]。

注释

①“楚王宫里”两句：据有关资料记载，楚灵王喜欢细腰，他的大臣们为了使腰变细都节食挨饿，以至于必须扶着墙才能站起来。②“魏国佳人”两句：《诗经·卫风·硕人》中赞扬卫庄公夫人之美有云：“手如柔荑，肤如凝脂，领如蝤蛴，齿如瓠犀，螓首蛾眉……”此处疑为卫国佳人。

译文

即使是在楚灵王的宫中，也没有人不推举她的腰之细；即使是卫国的佳人，也都惊讶于她的手指之纤细。

原文

传鼓瑟于杨家[1]，得吹箫于秦女[2]。

注释

①传鼓瑟于杨家：出自徐陵《玉台新咏序》。汉代杨恽对其妻夸赞道：“家本秦人，能为秦声；妇赵女也，雅善鼓瑟。”②得吹箫于秦女：出自徐陵《玉台新咏序》中“萧史弄玉”之典故，“萧史善吹箫，作凤鸣。秦穆公以女弄玉妻之，作凤楼，教弄玉吹箫，感凤来集，弄玉乘凤，萧史乘龙，夫妇同仙去。”

译文

传承杨家鼓瑟和鸣，夫妻恩爱的传统，得以像萧史弄玉，乘龙乘凤飞仙而去一样。

原文

春草碧色，春水绿波，送君南浦，伤如之何[①]？

注释

①“春草碧色”四句：出自江淹《别赋》，是有名的离别之句。南浦，屈原《九歌》中曾有“子交手兮东行，送美人兮南浦”之语，后来南浦泛指分离送别之地。

译文

春草青翠，春水碧波荡荡，在这样的景色中送你到南浦，我是多么的悲伤啊！

原文

青牛帐[①]里，余曲既终；朱鸟窗[②]前，新妆已竟[③]。

注释

①青牛帐：画有青牛的帐，青牛在古代被认为能避邪。②朱鸟窗：据张华《博物志》记载，“王母将于九华殿，王母索七桃，以五枚以帝，母食二枚，时东方朔窃从殿南厢朱鸟牖中窥王母。”③竟：完毕。

译文

青牛帐中，曲子已经弹奏完了；朱鸟窗前，新人已经装扮完毕。

原文

山河绵邈，粉黛若新。椒华承彩，竟虚待月之帘[①]；癸骨[②]埋香，谁作双鸾之雾？

注释

①椒华承彩，竟虚待月之帘：出自《拾遗记·周灵王》：“越又有美女而人……贡于

吴，吴处以椒华之房，贯细珠为帘幌。”②癸骨：指女子的尸骨。

译文

山河连绵不断，美人的装扮如同新的一样。华美的房子流光溢彩，空挂着玉珠穿成的帘子等待。美人的尸骨已经归于黄土，又有谁能作双鸾齐飞的雾？

原文

蜀纸麝煤添笔媚①，越瓯②犀液③发茶香，风飘乱点更筹转，拍送繁弦曲破长④。

注释

①“蜀纸麝煤添笔媚”四句：见于韩偓的《横塘》诗。蜀纸：指蜀地所产的纸张，纸质很好，在古代颇有盛名。麝煤：古代研制墨的原料。②越瓯：越地的瓷器。③犀液：桂花水。④拍：节拍。长：长夜。

译文

蜀地的纸张和麝墨使得笔下的字体更为妩媚，越地的瓷器和桂花水促发着茶叶的清香，风雨中的更筹转动得似乎更快，节拍伴着急促的管弦声合成的曲子打破了静幽的长夜。

原文

教移兰烬频羞影①，自拭香汤②更怕深，初似染花难抑按③，终忧沃雪不胜任④，岂知侍女帘帏外，剩取君玉数饼金。

注释

①“教移兰烬频羞影”六句：见于唐代韩偓的《咏浴》诗。兰烬，蜡烛燃烧后的灰烬。因为形状比较像兰花，因此称为兰烬。频：频繁，常常。②香汤：指用于沐浴的水。③抑按：抑制按捺。④不胜任：不能忍受。

译文

让人移开带着燃烧过的灰烬的蜡烛，对着自己的影子经常会很害羞，自己用带有香味的沐浴之水擦身，却又更害怕水深。起初的时候就像露水滋润着花瓣一样让人难以自控，最终却又担忧像热水沃雪一样难以忍受。怎能知道窗帘外的侍女，却已经赚取了君王的多少金子。

原文

绿屏无睡秋分簟①，红叶伤时月午②楼。

注释

①簟：竹席。②月午：月半时分。

译文

到了秋分的时候在凉凉的竹席绿屏边无法再安睡，半月之时，小楼旁侧的红叶触时感伤。

原文

但①觉夜深花有露，不知人静月当楼，何郎烛暗谁能咏②，韩寿香薰③亦任偷。

注释

①但：只。②何郎烛暗谁能咏：何郎，即魏晋南北朝时期南朝梁诗人何逊，字仲言，曾有诗云：“夜雨滴空阶，晓灯暗离室。”书写感伤离别之情。③韩寿香薰：晋代美男子韩寿，曾在贾充之下任司空掾，被贾充之女看上，私下往来，并将其父的西域贡香偷赠韩寿。贾充闻到韩寿身上的异香，不得已，将自己的女儿许配给了韩寿。

译文

只觉得夜深的时候花上会有露珠，不知道人静之时皎洁的明月正照在小楼上，诗人何逊的诗歌在晦暗的烛光下有谁能够吟咏，韩寿身上的薰香也可以随便让人偷走。

原文

阆苑有书多附鹤[1]，女墙[2]无树不栖鸾，星沉海底当窗见，雨过河源隔座看。

注释

①阆苑有书多附鹤：见于唐代李商隐的诗歌《碧城》。阆苑，传说中神仙居住的地方，因此多有仙鹤栖居。附：归附。②女墙：城墙上的小矮墙。

译文

阆苑有很多的书，因而有许多仙鹤归附于此，城墙的矮墙上没有高大的树木，因此没有鸾鸟前来栖息。临窗远望能够看到星星陨落沉入海底，隔着座位能看到飘洒的大雨掠过河源。

原文

当场笑语，尽如形骸外之好人[1]；背地[2]风波，谁是意气中之烈士。

注释

①尽：全，都。形骸：躯体，身体。②背地：暗地里。

译文

当场欢声笑语，好像全部都是有着形骸放浪的癖好的人；背地里制造风波，暗藏杀机，又有谁是意气风发、志趣相投的侠义忠烈之士呢？

原文

珠帘蔽[1]月，翻窥窈窕之花[2]；绮幔藏云[3]，恐碍扶疏之柳[4]。

注释

①蔽：遮蔽。②窥：窥探，偷窥。窈窕之花：借花来暗指窈窕女子。③绮幔：绮丽的帷幔。藏：掩藏。④扶疏之柳：借柳来暗指身姿曼妙的女子。

译文

珠帘遮蔽月光，以防止它翻越过来窥探窈窕淑女；绮丽的帷幔遮住了外面的浮云，以防止云彩影响了屋内身姿曼妙的女子。

原文

幽堂昼深[1]，清风忽来好伴；虚窗夜朗，明月不减[2]故人。

注释

①昼深：白昼显得特别深长。②减：减退。

译文

幽静的厅堂，在白天显得特别深长，忽然吹过一阵清风，仿佛是良伴来到身边；推开虚掩的窗子，看到夜色清朗，月光普照，就像老朋友一样，情意一点儿都没有减少。

原文

蝶憩[1]香风，尚多芳梦；鸟沾红雨[2]，不任娇啼。

注释

①憩：休憩。②红雨：鲜花一经风吹雨打，花瓣就会凋零，因此称为“红雨”。

译文

蝴蝶沐浴在春暖日和的气息中，会有芬芳美好的梦境；当落花无情地飘洒在鸟的羽毛上时，娇愁哀婉的鸣叫声就凄惨无比了。

原文

幽情化而石立[①]，怨风结而冢青[②]；千古空闺之感，顿[③]令薄幸[④]惊魂。

注释

①幽情化而石立：在今湖北武昌的北山有块石头，立在山崖之巅，形状就像是人一样，人称“望夫石”。相传古代有位妇人，丈夫外出从役，她就到北山相送，在北山上望着丈夫远行的背影，时间长了就变成了一块石头。②怨风结而冢青：相传昭君出塞之时，曾经弹奏琵琶诉说衷情，十分哀怨，后来死后就葬在黑河之畔，早晚都会有愁云怨雾笼罩在她的坟冢之上。③顿：立刻。④薄幸：指薄情寡义的负心男子。

译文

一腔深情化为伫立的望夫石，一缕哀怨的幽情凝成坟上草；千古以来独守空闺的寂寞情怀，顿时令负心的男子心惊魂动。

原文

李太白酒圣[①]，蔡文姬书仙[②]，置之一时，绝妙佳偶[③]。

注释

①李太白酒圣：李太白，即唐代大诗人李白。李白嗜酒，而且酒后往往能出佳作。②蔡文姬书仙：东汉人，即蔡邕之女蔡琰，我国古代著名的女诗人，精通音律，有《悲愤诗》传世，为人所称道。③佳偶：很好的配偶。

译文

李太白可谓酒中之圣人，蔡文姬可谓诗中之仙子。倘若让他们生活在同一个时代，可以说是一对绝妙的佳偶。

原文

缘之所寄①，一往而深。故人恩重，来燕子于雕梁；逸士②情深，托凫雏③于春水。好梦难通，吹散巫山云气④；仙缘未合，空探游女珠光⑤。

注释

①寄：寄托，寄寓。②逸士：隐逸之士。③凫雏：幼小的凫鸟。④“好梦难通”两句：出自宋玉《高唐赋》中楚怀王巫山云雨的典故。⑤“仙缘未合”两句：《文选·江赋》引《韩诗内传》有云：“郑交甫遵游彼汉皋台下，遇二女，与言曰：‘愿请子之佩。’二女与交甫，交甫受而怀之，超然而去。十步循探之，即亡矣。回顾二女。亦即亡矣。”游女，汉水中的水神。

译文

缘分所寄寓的，是一如既往的深情。原来的朋友恩情颇重，明年的燕子依然会在雕梁搭窝筑巢。隐逸之士情深似海，把幼小的凫鸟托付给春水。倘若缘分未到，好梦就难以实现，只能是像楚怀王吹散了巫山云雨一样；倘若仙缘尚且不合，想要探求二位水神的珠光，到头来也只能是像郑交甫一样一场空。

原文

桃花水泛①，晓妆宫里腻胭脂②；杨柳风多，堕马③结中摇翡翠。

注释

①泛：泛滥，在此指涨水。②晓妆宫里腻胭脂：化用了唐代杜牧《阿房宫赋》中的诗句，“明星荧荧，开妆镜也；绿云扰扰，梳小鬟也；渭流涨腻，弃脂水也；烟余雾横，焚椒兰也。”晓，早晨。③堕马：古代妇女的一种发式。

译文

桃花水泛滥涨水，是由于早晨宫中梳妆打扮用过的胭脂水；杨柳风变大了，是因为宫中女性堕马发髻上的翡翠在摇晃。

原文

对妆则色殊，比兰则香越[1]，泛明彩于宵[2]波，飞澄华于晓[3]月。

注释

①兰：兰花。越：超过。②宵：夜晚。③晓：拂晓，天快要亮了的时候。

译文

对镜梳妆气色就会不同，与兰花相比更为清香，夜间将会泛起比波涛更为明亮的光彩，拂晓时会散发出比明月更为皎洁的光华。

原文

手巾还欲燥[1]，愁眉即使开[2]，逆想行人[3]至，迎前含笑来。

注释

①燥：干燥。②开：展开，舒展。③行人：在外的游子。

译文

即使擦拭眼泪的手巾还没有干，因离愁而紧缩的眉心也可以舒展开，遥想着在外的游子归来，含着笑前去迎接。

原文

临风弄笛，栏杆上桂影[1]一轮；扫雪烹茶，篱落边梅花数点。

注释

①桂影：传说月亮上有一棵月桂树，因此此处桂影代指的是月亮。

译文

迎风吹奏着笛子，栏杆上挂着一轮明月；扫除积雪烧水沏茶，篱笆上的雪就像是朵朵梅花。

原文

银烛轻弹[①]，红妆[②]笑倚，人堪惜情更堪惜；困雨花心，垂阴柳耳，客堪怜春亦堪怜。

注释

①轻弹：轻轻地弹去蜡烛燃烧后的余烬，挑亮灯芯。②红妆：指梳妆美丽的女子。

译文

轻轻拨亮银台上的蜡烛，梳妆美丽的女子含笑依偎在身旁，人值得珍惜，情意更值得珍惜；花心被雨所困扰，恐被大雨所淋，柳叶被柳阴所遮盖，客值得怜惜，春也值得怜惜。

原文

肝胆谁怜，形影自为管鲍[①]；唇齿相济，天涯孰是穷交[②]？兴言及此，辄欲再广绝交之论[③]，重作署门之句[④]。

注释

①管鲍：即春秋时期齐国的管仲与鲍叔牙，二人志趣相投、情谊深厚，堪称至交。鲍叔牙辅佐齐桓公，后举荐管仲，二人共同辅佐齐桓公成就霸业，管仲也成为一代名相，二人的知交也一向为后人所咏叹感慨。②孰：谁。穷交：穷困至交。③辄：就。绝交之论：断绝交往的言论。古代著名的绝交论有东汉朱穆《绝交论》、晋朝嵇康《与山巨源绝交书》等。④署门之句：化用了翟公的典故。据《史记·汲郑列传》记载，刚开始的时候

翟公为廷尉，门庭若市，很多宾客前来拜访；待翟公被罢官之后，门可罗雀，再也没有人拜访。后来翟公再次被启用为廷尉，又有很多的人想要登门造访，翟公就在大门上写道："一生一死，乃知交情；一贫一富，乃知交态；一贵一贱，交情乃见。"

译文

一身肝胆有谁怜惜，形与影就像是管仲与鲍叔牙一样成为知交；唇齿相依，唇亡齿寒，茫茫天涯有谁是我的穷困至交？话说到此，就想再将绝交之论增补扩充一下，重新写作署门之句。

原文

燕市之醉泣①，楚帐之悲歌②，岐路之涕零③，穷途之恸哭④。每一退念及此，虽⑤在千载之后，亦感慨而兴嗟。

注释

①燕市之醉泣：指荆轲与高渐离相交之典故。荆轲与高渐离为至交，两人在燕国市场上饮酒，喝醉了之后，高渐离击筑(一种乐器)，荆轲和着筑声高歌，两人相交甚欢，可是之后又会相对而泣。②楚帐之悲歌：化用"霸王别姬"之典故。项羽与刘邦相争，项羽被困将亡，四面楚歌，慷慨悲歌："力拔山兮气盖世，时不利兮骓不逝。骓不逝兮可奈何，虞兮虞兮奈若何！"③岐路之涕零：《文选·北山移文》李善注引《淮南子》："杨子见岐路而哭之，为其可以南，可以北。"④穷途之恸哭：化用阮籍穷途恸哭之典故。阮籍经常驾车肆意周游，不拘泥于沿着路而驾驶，没有道可走的时候就会痛哭而返。⑤虽：虽然。

译文

燕市中荆轲与高渐离酒醉之后相对而泣，楚军帐营之下项羽慷慨悲歌，杨子在岐路迷茫涕零，阮籍驾车穷途之时痛哭而返。每次一想起这些，虽然已是千年以后，也会十分感慨兴叹。

原文

陌上繁华①，两岸春风轻柳絮；闺中寂寞，一窗夜雨瘦梨花②。芳草归迟，青骢别易③，多情成恋，薄命何嗟？要④亦人各有心，非关女德善怨⑤。

注释

①陌：乡间小路。繁华：即繁花，指开满鲜花。②瘦梨花：梨花经过春雨之后往往会十分娇弱动人，因此唐白居易有“梨花一枝春带雨”之诗句，在此借雨后梨花之娇弱暗指闺中女子因寂寞之愁而变得十分瘦弱。③青骢：青白色的马，在此指骑着青白色的马的情郎。别易：轻易就离别了。④要：重要。⑤非关：不是因为。女德善怨：女子天生就善于抱怨。

译文

路旁盛开鲜花，河流两岸的春风吹起柳絮，深闺中的寂寞，宛如一夜风雨后的梨花，使人迅速消瘦。骑着马儿分别是很容易的事，望断芳草路途不归人，多情而依依不舍，嗟叹命苦又有何用？只是因为人的心中怀有情意，并不是女人天生就善于怨恨啊！

原文

山水花月之际，看美人更觉多韵①。非美人借②韵于山水花月也，山水花月直借美人生韵耳。

注释

①韵：风韵，韵味。②借：借助。

译文

在水光山色、花前月下的情景中，端详美人会觉得更添了些情韵。并非是美人借助于山水花月的情韵，恰恰相反，山水花月正是借助于美人的风韵才生出了情韵。

原文

深花枝，浅花枝，深浅花枝相间①时，花枝难似伊②；巫山高，巫山低，暮雨潇潇郎不归，空房独守时。

注释

①相间：相交错。②伊：你。

译文

深色的花枝、浅色的花枝，都如此美丽，但即使是深色浅色的花枝相互交错搭配的时候，其花枝的美也无法与你相比；巫山高高的山峰，巫山低矮的山峰，傍晚下起潇潇细雨，情郎始终没有归来，独守空房寂寞难耐。

原文

青娥[①]皓齿别吴倡，梅粉妆[②]成半额黄；罗屏绣幔围寒玉，帐里吹笙学凤凰[③]。

注释

①青娥：年轻的美丽女子。②梅粉妆：古代女子的一种妆式，在额头上画上梅花，即梅粉妆。③帐里吹笙学凤凰：出自徐陵《玉台新咏序》中“萧史弄玉”之典故，“萧史善吹箫，作凤鸣。秦穆公以女弄玉妻之，作凤楼，教弄玉吹箫，感凤来集，弄玉乘凤，萧史乘龙，夫妇同仙去。”

译文

年轻的美丽女子，明眸皓齿，结束了以往的歌舞生涯，将额头上的梅粉妆涂成半额头的黄色；罗屏绣幔包裹着美丽的容颜，在帐中学萧史、弄玉吹笙招引凤凰，成仙归去。

原文

初弹如珠后如缕[①]，一声两声落花雨；诉尽平生云水心[②]，尽是春花秋月语。

注释

①缕：丝线。②云水心：如云如水漂流不定的心情。

译文

落花时节所下的雨，初落下时像珠玉弹击，之后像绵绵细线一样不断绝；似乎要将平生似水柔情全部倾诉，仔细谛听又都是春天百花齐放或秋天月朗星稀下的情话。

原文

春娇满眼睡红绡[1]，掠削云鬟[2]旋妆束，飞上九天歌一声，二十五郎[3]吹管逐。

注释

①“春娇满眼睡红绡”四句：出自唐代元稹的《连昌宫词》。②云鬟：如云一样的发鬟。③二十五郎：指李承宁，排行二十五，非常善于吹笛。

译文

睡在红绡之中的女子在春色美景中醒来，满眼娇羞；掠过如云一样的发鬟开始梳妆打扮，清亮的歌声穿过云霄飞上九天，二十五郎李承宁吹笛与之相和。

原文

琵琶新曲，无待石崇[1]；箜篌杂引[2]，非因曹植。

注释

①“琵琶新曲”两句：西晋富豪石崇曾作《琵琶引》。②箜篌杂引：指陈思王曹植的《箜篌引》。

译文

《琵琶引》这样的新曲，不用等着石崇来谱写；《箜篌引》这样的杂曲，也并不一定要曹植谱写。

原文

休文腰瘦，羞惊罗带之频宽①；贾女②容销，懒照蛾眉之常锁。

注释

①“休文腰瘦”两句：沈约，字休文，曾在写给好友的信中提到自己的病情，写道：“百日数旬，革带常应移孔；以手握臂，率计月小半分。”②贾女：指贾充的女儿，韩寿之妻。

译文

沈约的腰日渐消瘦，面对衣带频频变宽的情景而羞愧惊奇；贾充之女容颜已经消瘦，懒得再对镜自照蛾眉紧锁的样子。

原文

琉璃砚匣，终日①随身；翡翠笔床②，无时离手。

注释

①终日：整天。②笔床：毛笔架。

译文

琉璃做就的砚匣，整天随身携带；翡翠做的笔架，无时无刻不在手中。

原文

清文满箧①，非惟②芍药之花；新制连篇③，宁止葡萄之树。

注释

①箧：箱子。②惟：只，仅。③连篇：文章。

译文

清丽文雅的文章堆满了书匣，并不仅仅是关涉芍药花的；刚刚写就的文章，也不只是葡萄树的。

原文

西蜀豪家，托情穷于鲁殿[①]；东台甲馆[②]，流咏止于洞箫。

注释

①托情：寄托情意的诗文。鲁殿：指山东的孔子旧宅，藏有很多的书籍。②东台甲馆：东台，唐代的官署名称。甲馆，比较高级的馆舍。

译文

西蜀的富豪之家，寄托情意的书籍超过了山东的孔府；朝廷中的东台甲馆，仅仅流于吟咏洞箫。

原文

醉把杯酒，可以吞江南吴越[①]之清风；拂剑长啸，可以吸燕赵秦陇之劲气。

注释

①江南吴越：皆属于中国南部地区，整体而言南部气势阴柔，北部强悍。

译文

喝醉的时候手持酒杯，可以吞进江南吴越之地的清风；手持宝剑长啸一声，可以吸入燕赵秦陇之地的强劲之气。

原 文

风未冷催鸳别[①]，沉檀[②]合子留双结；千缕愁丝只数围，一片香痕才半节。

注 释

①别：离别。②沉檀：沉香檀香。

译 文

风还没有冷就催促着鸳鸯别离，沉香檀香合在一起就能结成同心结，成千上万缕的愁思只有几围，一片香痕刚刚燃烧到半节。

原 文

那忍重看娃鬓绿，终期一遇客衫黄[①]。

注 释

①“那忍重看娃鬓绿”两句：引用唐传奇《霍小玉传》。小玉被情郎抛弃而忧心成疾，侠义之士黄衫客路见不平，把负心汉挟持到小玉面前。那忍：即哪忍，怎么忍心。重看：反复地看。娃：方言，吴地对年轻貌美的女子的称呼。鬓绿：指乌黑的头发。

译 文

怎么忍心在镜前反复地赏玩这美丽的容颜和秀美的乌发，只希望能遇到一位黄衫壮士。

原 文

金钱赐侍儿，暗嘱[①]教休语[②]。

注 释

①暗嘱：暗中嘱托。②休语：不要乱说话。

译文

赏赐侍仆一些金钱，暗中嘱托她不要乱说话。

原文

薄雾几层推月出，好山无数渡江来；轮将秋动虫先觉[①]，换得更深[②]鸟越催。

注释

①觉：发觉。②更深：夜深。古时夜晚以更作为时间单位，一夜有五更。

译文

好像是几层薄薄的轻雾将月亮推了出来，无数的锦绣高山好像要渡江而来；时间的车轮不停地转动，当秋天将要到来的时候，昆虫们最先察觉，夜色越深，鸟儿的鸣声越大，好像是在催促时间流转一样。

原文

樯标[①]远汉，昔时鲁氏之戈[②]；帆影寒沙，此夜姜家之被[③]。

注释

①樯标：船上的桅杆。②鲁氏之戈：借用《淮南子·冥览训》中的典故，“鲁阳公与韩构难，战酣日暮，援戈而挥之，日为之反三舍。”③姜家之被：借用《后汉书·姜肱传》中的典故，“姜肱字伯淮，彭城广戚人也，家世名族，肱与二弟仲海、季江，俱以孝行著闻。其友爱天至，常共卧起，及各娶妻，兄弟相恋，不能别寝，以系嗣当立，乃递往旧室。”

译文

桅杆已经远离了汉土，希望能够像古时的鲁阳公一样挥动手中的戈，挽回局面；船帆的影子已经接近寒沙之地，在这样的寒夜希望能够得到姜家的被子以供取暖。

原文

良缘易合，红叶亦可为媒①；知己难投，白璧未能获主②。

注释

①“良缘易合”两句：据唐范摅《云溪友议》记载，唐宣宗在位之时，卢渥前往京城赶考，途中在御沟的流水中洗手，在清冽的水中忽然发现一片较大的红叶上面有墨印，他随手将叶子取出，发现红叶上竟然题着一首诗：“流水何太急，深宫尽日闲。殷勤谢红叶，好去到人间。”后来唐宣宗将一部分宫女送出宫外，许配给官吏，卢渥碰巧得到那位题诗于红叶之上的女子。②“知己难投”两句：化用楚国人卞和献玉的典故，卞和得到一块美玉，就想向大王进献，先后向厉王、武王进献，不仅没有得到重用，反而以欺骗之罪被截去双脚。这块玉就是闻名于后世的和氏璧。白璧，洁白无瑕的美玉。

译文

美好的姻缘容易成，红叶也可以成为媒人；知己难以投合时，即使白玉也难遇到赏识的人。

原文

填平湘岸都栽竹①，截住巫山不放云②。

注释

①湘岸：湘江两岸。竹：在此指斑竹，化用了舜帝之妻娥皇、女英，在舜帝死后整日以泪洗面，泪落竹叶，化为斑竹之典故。②截住巫山不放云：化用了宋玉《高唐赋》中楚怀王与巫山神女相会之典故。

译文

把湘水的两岸都填平种满斑竹，把巫山的浮云截住不让飘走。

原文

鸭为怜香死①，鸳因②泥睡痴。

注释

①为：因为。怜：怜惜。②因：因为。

译文

鸭子因为怜惜香草而死，鸳鸯因为贪睡于泥中而痴。

原文

零乱如珠为点妆①，素辉乘月湿衣裳，只愁②天酒倾如斗，醉却环姿③傍玉床。

注释

①点妆：化妆。②愁：担心。③环姿：蜷缩着身子。

译文

面前如同是散开的珠子一样凌乱，只是为了化妆打扮，晶莹的露珠借着月亮的清辉，不知不觉沾湿了衣裳，只担心他喝酒如漏斗一样倾尽所有，喝醉之后蜷缩着身子依偎在玉床上。

原文

有魂落红叶，无骨锁青鬟①。

注释

①青鬟：乌黑的发鬟。

译文

有心之人可以将情意寄托于飘落的红叶之上，无心之人只能空锁自己乌黑的发鬟。

原文

书题蜀纸愁难浣①，雨歇巴山话亦陈②。

注释

①蜀纸：蜀地盛产纸张，纸质极好。浣：浣洗，涤去。②雨歇巴山话亦陈：化用了李商隐的《夜雨寄北》："君问归期未有期，巴山夜雨涨秋池。何当共剪西窗烛，却话巴山夜雨时。"这里是反其意而用之。

译文

即使把诗写在蜀地的纸张上，也难以将心中的愁苦浣洗去，即使巴山的夜雨停歇了，所说的也只是旧话。

原文

盈盈①相隔愁追随，谁为解语②来香帷。

注释

①盈盈：美好的样子。②解语：解语花，在此指美人。

译文

美丽的女子遥遥相隔，但是相思之愁还是追随而去，谁能让我的美人来到我的香帐中？

原文

欲[1]与梅花斗宝妆，先开娇艳逼寒香，只愁[2]冰骨藏珠屋，不似红衣待玉郎。

注释

①欲：想要。②只愁：只担心。

译文

想要与梅花比赛装扮，先开放娇艳的花朵凌逼梅花的幽寒之香，只担心藏于珠屋之下冰清玉洁的美女，不像红衣女郎一样侍奉情郎。

原文

听风声以兴思[1]，闻鹤唳以动怀[2]，企庄生[3]之逍遥，慕尚子[4]之清旷。

注释

①听风声以兴思：语出《世说新语·识鉴》："张季鹰辟齐王东曹掾，在洛见秋风起，因思吴中莼菜羹、鲈鱼脍，曰：'人生贵得适意尔，何能羁宦数千里以要名爵！'遂命驾便归。"②闻鹤唳以动怀：语出《世说新语·尤悔》。据记载，陆平原在河桥战败，因受卢志所诋毁而被诛杀，行刑之前感叹道："欲闻华亭鹤唳，可复得乎？"③庄生之逍遥：即庄子，道家的代表人物，作《逍遥游》，宣扬绝对的自由。④尚子之清旷：即尚长，东汉人，据载，他在子女婚嫁之后，独自远离家乡，四处云游。

译文

听到风声就引发了我的思乡之情，听闻鹤唳之声就触动了我的心怀，企盼能够像庄子一样逍遥，羡慕尚子的清净旷达。

原文

渔舟唱晚[1]，响穷彭蠡之滨[2]；雁阵惊寒，声断衡阳[3]之浦。

注释

①“渔舟唱晚”四句：见唐代王勃《滕王阁序》。②响穷：响彻。彭蠡：指今江西境内的鄱阳湖。③衡阳：位于今湖南省境内，相传此地又叫回雁峰，大雁到此地就不再南飞。

译文

傍晚，渔夫荡着渔舟高歌，歌声响彻了彭蠡之滨；大雁为天寒所惊，排成阵形南飞，凄凉的叫声在衡阳之浦断断续续地传来。

原文

爽籁发而清风生[1]，纤歌凝而白云遏[2]。

注释

①“爽籁发而清风生”两句：见唐代王勃《滕王阁序》。爽籁：长短不齐的管子组成的排箫。②凝：在此指声音不绝于耳，就像是凝结了一样。遏：遏制，停留。

译文

排箫发出美妙的声音，清风都随之而生，轻柔的歌声就好像凝结了一样，余音绕梁，就连飘浮的白云也停下了脚步。

原文

杏子轻纱初脱暖，梨花深院自多风[1]。

注释

①梨花深院自多风：北宋晏殊所作的《无题》诗中曾云：“梨花院落溶溶月，柳絮池塘淡淡风。”

译文

杏子随着天气的变暖刚刚脱掉外面披着的一层轻纱，梨花盛开的院落自然多风。

精彩点拨

情是人的感情表现和心理活动。正如作者开篇所言，真正的爱情就当为情而死，不应当为情而生怨恨。如作者引用“韩翃之柳、崔护之花、汉宫之流叶、蜀女之飘梧、奴无昆仑、客无黄衫”等历史上著名的爱情典故，通过这些爱情故事点出《情》的主题，在讲述故事时还描写了大量其他的著名爱情典故，并采用拟人手法，形象生动地描写飞禽、树木、花草、物品等的爱情悲伤和无尽的忧愁，以此衬托人间平民百姓的感伤的爱情，对男尊女卑的社会进行有力的批判。

阅读积累

《箜篌引》

《箜篌引》是三国时期曹魏文学家曹植创作的一首游宴诗。全诗章法巧妙，独具匠心，通过歌舞酒宴上乐极生悲的感情变化，抒发了作者对生命的感慨，展示了建安时代特有的社会心理，表达了人生短促的苦闷和建立不朽功业的渴求这一主题，表现了“雅好慷慨”的时代风格。

《箜篌引》是曹植早期的作品，大约创作于建安十六年（211）到二十一年（216）间，当时作者生活处境正处于得意自适之中，被封为平原侯或临淄侯，颇有被父亲曹操（嗣位未定）立为世子的希望，年轻气盛，意气风发，广招门客。在一次遨游宴饮中，写下此诗，表达豪壮之情。曹植以笔力雄健和辞采华美见长，为建安文学中成就最高者，其诗在古代诗史中占有很高地位，对后代诗人产生了深远的影响。

卷三　峭

精彩导读

《峭》是《小窗幽记》中的第三卷散文。峭的字义是陡峭、峻峭，意思是山势高陡，比喻严厉、严峻。作者借用并突出一个峭字，作为本篇的题目，采用比拟手法，用“峭”形容当时社会的严峻形势，严厉批判了达官显贵置国家民族利益于不顾的可耻面目，表达了一种悲愤心情。希望通过本卷，能够唤醒那些麻木官员的良知，由此可见作者用心良苦。

原文

料今天下皆妇人矣。封疆缩其地①，而中庭之歌舞犹喧②；战血枯其人，而满座之貂蝉③自若。我辈书生，既无诛乱讨贼讨之柄④，而一片报国之忱⑤，惟于寸楮尺字间⑥见之；使天下之须眉⑦面妇人者，亦耸然有起色。

注释

①封疆：疆域，国土。缩：缩减，在此暗指被侵吞。②犹喧：依然喧闹。③貂蝉：指貂尾和附蝉，古代权贵之人常常以此为饰，故此处以貂蝉代指权贵之臣。④柄：权柄。⑤忱：热忱之心。⑥寸楮尺字间：在文章中。寸楮，代指纸。⑦须眉：代指男子，俗语有“巾帼不让须眉”之说，巾帼指女子。

译文

看当今天下的男儿都如同妇人一般。眼看着国土逐渐沦丧，然而厅堂中仍是歌舞喧嚣，战场上战士因血流尽而枯干了，而满朝的官员仿佛无事一般。我们这些读书人，既然没有平叛讨逆的权柄，而一片报效国家的赤忱，只能在寸纸尺字上表现，使天下那些身为男子却似妇人的人能够触动而有所改进。

原文

忠孝吾家之宝，经史吾家之田①。

注释

①田：田地，民以食为天，田也就是安身立命的根本。

译文

忠孝是我们的持家之宝，熟读经史就像是家里的田地一样是根本。

原文

闲到白头真是拙，醉逢青眼不知狂①。

注释

①醉逢青眼不知狂：出自《晋书·阮籍传》。阮籍的母亲去世，嵇喜前来凭吊，阮籍白眼相对。后来嵇喜的弟弟嵇康听闻之后也前去凭吊，带着酒挟着琴，阮籍见了十分高兴，青眼相待。正眼相看露出眼青，称为青眼；斜眼相看露出眼白，称为白眼。

译文

虚度光阴，无所事事，直到白头，这真是笨拙，喝醉之后碰到别人正眼相看，也不知道自己的狂妄。

原文

兴之所到，不妨呕出①惊人心，故不然②，也须随场作戏。

注释

①呕出：说出。②不然：不以为然。

译文

兴致来了的时候，不妨吐出惊人之语，即使心中不以为然，也需要逢场作戏。

原文

吟诗劣于[①]讲书，骂座恶于足恭[②]。两而揆之[③]，宁为薄幸狂夫，不作厚颜君子。

注释

①劣于：比……差。②足恭：过分恭顺。③两而揆之：两相比较之下。揆，忖度。

译文

吟诗不如讲解书中的道理收获大，在座位上破口大骂当然比恭敬待人要恶劣，但两相比较之下，宁愿做个轻薄的狂人，也不做厚脸皮的君子。

原文

宁为真士夫[①]，不为假道学；宁为兰摧玉折，不作萧敷艾荣[②]。

注释

①真士夫：真正的读书人。②“宁为兰摧玉折”两句：见《世说新语·言语》。兰、玉：兰花、美玉，代指人的高洁。萧、艾：古代将其视为恶草，品行低劣。

译文

宁可做一个真正的君子，也不做一个假道学先生；宁可做兰花美玉被摧折，也不做萧、艾这样的野草而长得繁茂。

原文

身世浮名，余以梦蝶视之[①]，断不受肉眼相看。

注释

①余以梦蝶视之：化用“庄生梦蝶”的典故。《庄子·齐物论》云：“昔者庄周梦为蝴蝶，栩栩然蝴蝶也，自喻适志与！不知周也。俄然觉，则蘧蘧然周也。不知周之梦为蝴蝶与，蝴蝶之梦为周与？”

译文

人世的虚浮声名，我视其如庄周梦蝶一般，只是事物的变幻，绝不会去看它一眼。

原文

达人撒手悬崖[①]，俗子沉身苦海。

注释

①达人：通达之人。悬崖：比喻危险的境地。

译文

通达生命之道的人能够在悬崖边缘放手离去，凡夫俗子则沉溺在世间的苦海中无法自拔。

原文

销骨[1]口中，生出莲花九品[2]，铄金舌上，容他鹦鹉千言。

注释

①销骨：销毁枯骨。《史记·张仪列传》云："众口铄金，积毁销骨"，指人们口中的言语作用极为重大，人言可畏。②莲花九品：佛家术语，指佛家的极乐境界，修行圆满之人死后会到极乐世界，并且以莲花台为座，莲花台又分为九种，九品莲花代表最高境界。

译文

口中的谗言可以销毁枯骨，也能够生出莲花九品这样的佛家极乐境界；舌上的话语能够铄金，任它像鹦鹉学舌一样人云亦云。

原文

少言语以当贵，多著述[1]以当富，载清名以当车，咀英华[2]以当肉。

注释

①著述：著书立说，古人常常以著书立说的方式流传后世。②咀英华：把玩精妙的诗文。

译文

把少说话作为贵，把多著书立说作为富有，把好的名声当作车，把品读好文章当作吃肉。

原文

体裁如何[①]，出月隐山；情景如何，落日映屿[②]；气魄如何，收露敛色；议论如何，回飙拂渚[③]。

注释

①如何：怎么样。②屿：岛屿。③回飙：回旋的飙风。渚：水中的小洲。

译文

体裁怎么样，要看出来的月亮以及隐去的青山；情景怎么样，要看落下的太阳以及被余晖映照的岛屿；气魄怎么样，要看蒸发的露水和色彩的凝敛；议论怎么样，要看回旋的风轻拂着的水中小洲。

原文

有大通必有大塞[①]，无奇遇必无奇穷。

注释

①大塞：指很不顺利。塞，阻塞。

译文

有十分顺利的时候就必然会有非常不顺利的时候，没有奇特的遭遇必定也没有奇特的困穷。

原文

雾满杨溪，玄豹[①]山间偕日月；云飞翰苑，紫龙天外借风雷。

注释

①玄豹：比喻隐居之人。

译文

杨溪大雾弥漫，隐居之人在山间与日月相伴；白云飞过翰苑，紫龙乘借着风雷之势从天外而来。

原文

西山霁雪，东岳含烟；驾凤桥以高飞，登雁塔①而远眺。

注释

①雁塔：即大雁塔，又名慈恩塔，位于今陕西西安境内。

译文

西山大雪纷纷，东岳烟雾蒙蒙；沿着凤凰高飞的通道高飞，登上大雁塔远远地眺望。

原文

一失足①为千古恨，再回头是百年人②。

注释

①一失足：一时不小心犯下错误。②再回头：指发现错误。百年人：年纪已大的老人。

译文

一旦犯下错误会造成终身的遗憾，发现后再回头来看已经事过境迁难以挽回了。

原文

居轩冕①之中，不可无山林②的气味；处林泉之下，须常怀廊庙③的经纶④。

注释

①轩冕：乘轩车戴冕冠，指达官显贵之人。②山林：代指山间隐士。③廊庙：朝廷。④经纶：治国才能。

译文

跻身仕宦显达之中，必须要有山间隐士那种清高的品格；闲居在野的居士和隐者，也应常怀治理国家的韬略。

原文

觑破[①]兴衰究竟，人我得失冰消[②]；阅尽寂寞繁华，豪杰心肠灰冷。

注释

①觑破：看破、识破。②冰消：像冰一样消融。

译文

看破了人世间兴盛衰败的真相，那么对人对我的得失之心就像冰块一样消融；看尽了冷清寂寞和奢侈繁华，使要做天下英雄豪杰的心肠如死灰般冷却。

原文

名衲[①]谈禅，必执经[②]升座，便减三分禅理[③]。

注释

①衲：僧人。②执经：手拿经书。③便减三分禅理：禅理讲究自己参悟，真正高深的禅理是不能靠他人言说的。

译文

有名的僧人谈禅，必定会手持经书升座讲堂，这样就会减少三分禅理。

原文

穷通之境未遭，主持之局已定；老病之势未催[1]，生死之关先破[2]。求之今世，谁堪语此？

注释

①催：遭受。②破：看破。

译文

在还未遭受贫穷或显达的境遇时，自我生命的方向已经确定；在还未受到年老和疾病的折磨时，对生与死的认识预先看破。面对今天社会上的芸芸众生，可以和谁谈论这些问题呢？

原文

枝头秋叶，将落犹然[1]恋树；檐前野鸟，除死方得[2]离笼。人之处世，可怜如此。

注释

①犹然：仍然、依旧。②方得：才能得以。

译文

树枝上的黄叶，在秋天将要落下时还依恋枝头不忍离去；屋檐下的野鸟，直到死去，才能脱离关锁它的牢笼。人活在世上，也像这秋叶与野鸟般可怜。

原文

士人有百折不回[1]之真心，才有万变不穷[2]之妙用。

注释

①百折不回：遭遇百次挫折也不会回心转意。②穷：绝。

译文

一个人只有真正具备百折不挠的坚强意志，才能碰到任何变化都有应付自如的办法。

原文

立业建功，事事要从实地着脚；若少慕声闻[1]，便成伪果。讲道修德，念念要从虚处立基[2]；若稍计[3]功效，便落尘情。

注释

①若：倘若。少：稍微，稍稍。②立基：下功夫。③计：计较。

译文

开创事业建立功名，每一件事都要脚踏实地扎扎实实地做好；如果稍微有一点儿追求虚名的念头，就会造成华而不实的后果。探究事理修炼心性，每一念都要在立命之处打好根基；如果稍微有一点儿计较功利得失的思想，便落入俗套了。

原文

执拗[1]者福轻，而圆融之人其禄必厚；操切者寿夭[2]，而宽厚之士其年必长。故君子不言命，养性即所以立命；亦不言天，尽人自可以回天[3]。

注释

①执拗：固执。②操切者寿夭：做事急切的人寿命短促。切，急切，急躁。夭，少。③尽人：尽了人的力量。回天：改变天意。

译文

性格固执的人福分微薄，而性格灵活通融的人福气大；急躁的人寿命很短，而宽容敦厚的人年寿很长。所以通达事理的君子不说命，而是通过修养性情安身立命；也不谈论天意，而是充分发挥人的能力以改变天意。

原文

才智英敏者，宜以学问摄其躁①；气节激昂者，当以德性融其偏②。

注释

①摄：统摄。躁：浮躁。②融：融合，融化。偏：偏激。

译文

才华和智慧敏捷出色的人，应该用学问来理顺浮躁之气；志向和气节激烈昂扬的人，应当加强品性道德的修养来消融他偏激的性情。

原文

苍蝇附骥①，捷则捷矣，难辞处后之羞。茑萝②依松，高则高矣，未免仰攀③之耻。所以君子宁以风霜自挟④，毋为鱼鸟亲人。

注释

①苍蝇附骥：出自《汉武帝与魏嚣书》："苍蝇之飞，不过数步，若附骥尾，可至千里。"②茑萝：一种蔓草，常常依附于松树而生。③仰攀：攀附依赖。④风霜自挟：提高自身修养、培养高尚情操。

译文

苍蝇依附在马的尾巴上，速度固然快极了，但却难以避免依附在马屁股后的羞耻；茑萝缠绕着松树生长，高倒是高了，却免不了攀附依赖的耻辱。因此，君子宁愿以风霜傲骨而自我勉励，也不愿像缸中鱼、笼中鸟一般亲附于人。

原文

伺察①以为明者，常因明而生暗，故君子以恬养智；奋迅②以求速者，多因速而致迟，故君子以重持轻。

注释

①伺察：观察，窥察。②奋迅：冒进急躁。

译文

依赖暗中观察才能明白事情原委的人，常常因为明白事情而变得不清醒，所以君子要依靠恬静修养来提高智慧；做事奋进急躁以求快速的人，往往因为想要迅速而最终导致缓慢，欲速则不达，因此君子做事应该举重若轻。

原文

有面前之誉①易，无背后之毁②难；有乍交③之欢易，无久处之厌难。

注释

①面前之誉：当面称赞。②毁：诋毁。③乍交：刚刚结交。

译文

让人当面夸赞自己，不如让别人不在背后批评诋毁自己；让人在初相交时就产生好感，不如让别人与自己长久相处而不产生厌烦情绪。

原文

宇宙内事①，要担当，又要善摆脱。不担当，则无经世②之事业；不摆脱，则无出世之襟期[3]。

注释

①宇宙内事：天下之事。②经世：经国济世。③襟期：胸怀，胸襟。

译文

世间的事，既要能够承担重任，又要善于解脱羁绊。不能承担重任，就不能从事改造世界的事业；不善于解脱，就没有超出世间的襟怀。

原文

待人而留有余不尽之恩，可以维系无厌[1]之人心；御事[2]而留有余不尽之智，可以提防不测[3]之事变。

注释

①无厌：不会满足。②御事：处理事情。③不测：无法预测。

译文

对待他人要保留一份永远不会断绝的恩惠，才可以维系永远不会满足的人心；处理事情要留有余地而不是竭尽智慧，才可以提防无法预测的突然变故。

原文

无事如有事，时提防，可以弭意外之变[1]。有事如无事，时镇定，可以销局中之危[2]。

注释

①弭：消弭，消除。变：变故。②危：危机、危险。

译文

在平安无事时要如有事时一样，时时提防，才能消除意外发生的变故；在发生危机时要像无事时一样，时时保持镇定，才能消除发生的危险。

原文

爱是万缘之根，当知[①]割舍；识是众欲[②]之本，要力扫除。

注释

①当知：应当知道。②众欲：各种欲望。

译文

爱是人间一切缘分之根，应该知道割舍；识是各种欲望之本，要尽力扫除。

原文

舌存，常见齿亡，刚强，终不胜柔弱；户朽[①]，未闻枢蠹[②]，偏执，岂及乎圆融。

注释

①户朽：门板腐烂了。②蠹：一种小虫子，常常腐蚀物品。在此指被蠹所腐蚀。

译文

当牙齿都掉光了时，舌头还存在；可见刚强终是胜不过柔弱。门已经朽坏时，却没有听说门轴被虫所蛀蚀；可见偏执岂能比得上圆融。

原文

荣宠[①]旁边辱等待，不必扬扬[②]；困穷背后福跟随，何须戚戚[③]？

注释

①荣宠：荣耀、宠幸。②扬扬：形容非常自得的样子。③戚戚：形容十分伤心的样子。

译文

荣耀、宠幸的旁边就有耻辱在等待，不必那么自得；困厄贫穷的后面福气紧紧跟随，何必如此伤心悲戚呢？

原文

看破有尽身躯，万境之尘缘自息[1]；悟入无怀[2]境界，一轮之心月独明。

注释

①自息：自然就会熄灭。②无怀：指没有牵挂。

译文

看破了人生之有限，一切的尘世杂念自然就都熄灭了；参悟到了了无牵挂的境界，心中的月亮将永远澄明。

原文

斜阳树下，闲随老衲[1]清谈；深雪堂中，戏与骚人白战[2]。

注释

①衲：本为僧人所穿的衣服，后代指僧人。②骚人：指文人墨客。白战：本指徒手搏斗作战，在此指作禁体诗比赛，规定作诗不能用一些常用字眼，以此来较量诗才。

译文

斜阳夕照时，闲适地在树下和老僧清谈；大雪纷飞的时节，在厅堂内与诗人文士作诗取乐。

原文

人生不好古，象鼎牺樽①，变为瓦缶；世道不怜②才，凤毛麟角③，化作灰尘。

注释

①象鼎牺樽：代指珍贵的古代文物。②怜：怜惜，爱惜。③凤毛麟角：凤凰的羽毛、麒麟的角，比喻十分稀少珍贵。

译文

人生在世倘若不喜好古玩的话，象鼎、牺樽这样珍贵的古代文物也就如同一般的瓦器一样；人世间倘若不爱惜人才，即使是凤毛麟角的奇才，也终究将被视为尘土，不被重用。

原文

要做男子，须负刚肠①；欲学古人，当坚苦志②。

注释

①负：拥有，带有。刚肠：刚正不阿的心肠。②苦志：吃苦耐劳、遭受苦难而不改变的意志。

译文

要做个大丈夫，必须有一副刚直的心肠；要学习古人，应当坚定磨炼筋骨的志向。

原文

风尘善病①，伏枕处一片青山；岁月长吟，操觚时②千篇白雪。

注释

①善病：容易生病。②操觚时：指写诗行文之时。

译文

一路风尘，奔波劳碌，容易生病，头躺在枕上，好好休养，就会如同一片青山在眼前；悠悠岁月，只要能够坚持长吟，等到写诗行文之时，就能下笔如有神，写就千篇《白雪》这样的名作。

原文

亲兄弟折箸①，璧合翻作瓜分；士大夫爱钱，书香化为铜臭。

注释

①折箸：喻指彼此不和睦，要分家析户。

译文

亲兄弟不和睦，就如同价值连城的一组美玉，分散开来便失去价值；读书人爱财，就使浓郁的书香味转变为铜臭气息。

原文

心为形役①，尘世马牛；身被名牵②，樊笼鸡鹜③。

注释

①形役：如同形体一样遭受奴役。②牵：束缚。③鸡鹜：鸡鸭。

译文

如果心灵被外在的东西所驱使，那么这个人就像是活在人世间的牛马；如果人被名声所束缚，那就像关在笼中的鸡鸭一样没有自由。

原文

懒见俗人，权[1]辞托病；怕逢尘事，诡迹逃禅[2]。

注释

①权：权且，暂且。②诡迹逃禅：隐藏行迹，逃遁世事，参禅悟道。

译文

倘若懒得接见那些世俗之人，就权且托辞生病了；假若害怕遭逢尘世之事，就隐藏行迹，逃遁世事，参禅悟道吧。

原文

人不通古今，襟裾[1]马牛；士不晓[2]廉耻，衣冠狗彘[3]。

注释

①襟裾：衣襟裙裾，代指衣服。②晓：明白，知道。③彘：猪。

译文

人不通晓古今变化的道理，那就像穿着长袍短衣的牛马一样；读书人如果鲜廉寡耻，那就是穿衣戴帽的猪狗。

原文

道院吹笙，松风袅袅；空门洗钵，花雨纷纷[1]。

注释

①“空门洗钵”两句：据《续高僧传》记载，一次高僧法云正在讲授佛经之时，忽

然漫天的鲜花飘落而下，到了堂内，却又升空不坠。空门：即佛门。洗钵：传说师徒相传时，会以衣钵作为信物，此处以洗钵代指传经授法。

译文

在道院里吹笙，道院外的松林风声袅袅，与之相应和；在佛门中传经授法，突然感到漫天鲜花如同下雨一样飘落。

原文

囊无阿堵物①，岂便求人；盘有水晶②，犹堪③留客。

注释

①阿堵物：指钱。阿堵，古代的一种口语，意思大致相当于“这个”。②水晶：即指虾，虾的一种别称。③犹堪：还可以。

译文

囊中羞涩，没有钱财，怎么能够求人？盘子中有虾米，尚且还可以留客。

原文

种两顷负郭田①，量②晴较雨；寻几个知心友，弄月嘲风③。

注释

①负郭田：古时有城郭之分，负郭田即指城郊的田地，此处泛指所有田地。②量：计量、推算。③弄月嘲风：玩赏明月清风。

译文

耕种一两顷城郊的土地，预测天气的阴晴变化；寻觅几位知心的朋友，共同欣赏明月清风的景致，吟诗作赋。

原文

荷钱榆荚[1]，飞来都作青蚨[2]；柔玉温香，观想可成白骨。

注释

①荷钱榆荚：刚刚长出来的很小的荷叶、榆荚，形状与钱币很相似，在此代指金钱。②青蚨：本为一种昆虫，在此指金钱。干宝《搜神记》中有云："南方有虫……又名青蚨，形似蝉而稍大，味辛美可食。生子必依草叶，大如蚕子。取其子，母必飞来，不以远近。虽潜取其子，母必知处。以母血涂钱八十一文，以子血涂钱八十一文。每市物，或先用母钱，或先用子钱，皆复飞归，轮转无已。"

译文

荷叶和榆荚，飞来都可成为金钱；柔美香艳的女子，在想象中也只是一堆白骨。

原文

歌儿带烟霞之致[1]，舞女具丘壑之资[2]；生成世外风姿，不惯尘中物色。

注释

①烟霞之致：超脱于尘世之外的山林烟霞的韵致。②丘壑之资：不同于世俗林间田园的姿态。

译文

牧童的歌声带着烟霞缭绕的山林的韵致；舞女的舞姿具有林间田园的姿态；生来就带有世俗之外的风姿，对尘世中的景物美色很不习惯。

原文

今古文章，只在苏东坡[1]鼻端定优劣；一时人品，却从阮嗣宗[2]眼内别雌黄。

注释

①苏东坡：即苏轼，宋代著名的诗人、词人、文学家、政治家。②阮嗣宗：即阮籍，见前文所注嵇喜、嵇康前去凭吊阮籍之母，阮籍分别以白眼、青眼相待之典故。

译文

古往今来的文章，只在于苏东坡的鼻端评定优劣；一时的人品，却可以从阮籍的眼中区分出好坏。

原文

魑魅[①]满前，笑著阮家无鬼论[②]；炎嚣[③]阅世，愁披刘氏北风图[④]。气夺山川，色结烟霞。

注释

①魑魅：鬼魅，代指阴险狡诈之徒。②阮家无鬼论：据载，晋永嘉年间，太子舍人阮瞻一向主张无鬼论，并经常以此与人论争。有一天，有位十分善辩之人在与之谈论命理之时言及鬼神，阮瞻与之论争很久依然没有被客说服，客于是说："鬼神，古今圣贤所共传，君何得独言无！即仆便是鬼。"于是就变为异形消失了。③炎嚣：喧闹熙攘。④刘氏北风图：刘氏即东汉人刘褒，著名的画家。据传刘褒曾经画下《云汉图》《北风图》，观览《云汉图》可以使人感觉发热，观览《北风图》则使人发冷。

译文

世上充满了阴险如鬼之徒，因此对阮瞻主张无鬼论觉得可笑；看着这纷乱攘攘的人世，在心中充满忧愁时观览刘褒的《北风图》，直觉得它的气势盖过了山川，墨色凝结了烟霞的绚烂。

原文

至音[①]不合众听，故伯牙绝弦[②]；至宝不同众好，故卞和泣玉[③]。

注释

①至音：极为高雅的音乐。②伯牙绝弦：俞伯牙、钟子期视彼此为知己，《吕氏春秋·本味》中有云："俞伯牙善于鼓琴，子期听之，方鼓琴而志在太山，钟子期曰：'善哉乎鼓琴，巍巍乎若太山。'少时之间，而志在流水，钟子期又曰：'善哉乎鼓琴，汤汤乎若流水。'钟子期死，伯牙破琴绝弦，终身不复鼓琴，以为世无足复为鼓琴者。"③卞和泣玉：卞和得到璞石美玉，就想向大王进献，先后向厉王、武王进献，不仅没有得到重用，反而以欺骗之罪被截去双脚，这块玉其实就是闻名于后世的和氏璧。

译文

格调最高的音乐不合一般人的口味，所以伯牙便摔断了琴弦；最珍贵的宝物不能被一般人所发现，因此卞和为宝玉而哭泣。

原文

看文字①，须如猛将用兵，直是鏖战一阵；亦如酷吏治狱②，直是推勘到底③，决不恕④他。

注释

①文字：文章。②治狱：处理狱案。③推勘到底：直查到底，探寻出个究竟。④恕：宽恕。

译文

欣赏文章，应该如同猛将用兵打仗一样，必须鏖战一阵；又如同严酷的官吏处理狱案一样，必须探查出个究竟，决不能宽恕犯人。

原文

名山乏侣①，不解壁上芒鞋②；好景无诗，虚③怀囊中锦字。

注释

①侣：伴侣。②芒鞋：草鞋。③虚：空。

译文

如果在知名的山川胜地没有合意的旅伴，那么宁可将草鞋挂在墙上，也决不出游；面对美好景致，如果没有好诗助兴，即使怀中抱着锦囊，收藏有好文字，也没有什么用。

原文

辽水无极[①]，雁山[②]参云，闺中风暖，陌[③]上草薰。

注释

①“辽水无极”四句：见江淹的《别赋》。无极：没有边际。②雁山：雁门山。③陌：乡间小道。

译文

水面宽阔，横无际涯，雁门山直入云霄，闺中的风儿和煦温暖，乡间小道上的青草散发着清香。

原文

秋露如珠，秋月如珪[①]；明月白露，光阴往来[②]；与子之别，思心[③]徘徊。

注释

①“秋露如珠”六句：见江淹的《别赋》。珪：一种美玉。②光阴往来：忽明忽暗。③思心：应作“心思”。

译文

秋天的露水晶莹剔透如同珍珠，秋天的月亮皎洁明亮如同珪玉；明月白露，交相辉映，忽明忽暗；与你分别，心中十分思念，不停徘徊。

原文

声应气求之夫[①]，决不在于寻行数墨之士；风行水上之文[②]，决不在于一字一句之奇。

注释

①声应气求之夫：意气相投之人。②风行水上之文：自然天成，没有雕琢没有痕迹的好文章。

译文

意气互相呼应的好友，绝不至于需要通过笔墨文章加以了解；如行云流水一样通畅美妙的好文章，绝不在于一字或一句的奇特上。

原文

借他人之酒杯，浇自己之礧磈[①]。

注释

①浇：冲洗，浇灭。礧磈：激愤、不平。

译文

借用别人的酒杯，来浇灭自己心中的激愤、不平。

原文

奇曲雅乐，所以禁淫[①]也；锦绣黼黻[②]，所以御暴也。缛[③]则太过，是以檀卿[④]刺郑声，周人伤北里[⑤]。

注 释

①淫：指低俗的音乐。②锦绣黼黻：织出的彩纹为“锦”，刺绣的彩纹为“绣”；古代衣服上黑白相间的花纹为“黼”，黑青相间的花纹为“黻”。③缛：繁缛。④檀卿：一说应为“檀弓”，春秋时期鲁国人。⑤北里：古时的一种舞曲名。

译 文

奇妙的曲子、高雅的音乐陶冶心灵，所以要禁止低俗的音乐，丝织刺绣精美华丽，所以要预防奢侈。极为烦琐就会太过，因此鲁人檀弓讥刺郑国的靡靡之音，周人抨击《北里》这样糜烂的舞曲。

原 文

静若清夜之列宿①，动若流彗②之互奔。

注 释

①宿：星宿。②流彗：流星，又称彗星。

译 文

静就要像清凉的夜色中的那些星宿一样，动就要像疾逝而下的流星一样。

原 文

停之如栖鹄，挥之如惊鸿，飘缨蕤于轩幌①，发晖曜于群龙。

注 释

①缨蕤：本指帽子上的饰物，在此指旗帜的饰物。轩幌：辕车。

译文

停下来要像栖息的天鹅一样平静，挥舞的时候要像受惊的鸿雁一样充满力量，辕车上旗帜的饰物在随风飘动，旗帜上的群龙发出耀眼的光芒。

原文

始缘甍[①]而冒栋，终开帘而入隙；初便娟于墀庑[②]，末[③]萦盈于帷席。

注释

①缘：沿着。甍：屋脊。②墀庑：庭院。③末：最后。

译文

光芒刚开始的时候沿着屋脊进而冲破了房屋的栋梁，最终从打开的帘子的缝隙中进来了；阳光最初映照在院落之中，后来就照耀到床帏和床席间。

原文

雨送添砚之水[①]，竹供扫榻之风。

注释

①添砚之水：砚台中需要添加的水。

译文

雨送来了砚台中需要添加的水，竹林提供了打扫床榻的风。

原文

血三年而藏碧[①]，魂一变而成红[②]。

注释

①血三年而藏碧：化用《庄子·外物》中的语句："故伍员流于江，苌弘死于蜀。藏其血，三年化而为碧。"伍员、苌弘都是忠义之臣。②魂一变而成红：相传战国时期蜀王杜宇称帝，建号望帝，之后其退位隐居在西山，死后化为杜鹃。每年暮春时分就会鸣叫，声音十分悲戚，一直到嘴角啼叫得都流血了还不停止。李商隐有"望帝春心托杜鹃"，就是化用的这个典故。

译文

像伍员、苌弘这样的忠义之臣的血珍藏三年而化成了碧玉，望帝的魂魄一变而成为杜鹃，日日悲鸣直至嘴角流血仍然不止。

原文

举黄花而乘月艳，笼黛叶而卷云翘[①]。

注释

①笼：即拢。黛叶：指乌黑的头发。云翘：像云朵一样高高耸起的发髻。

译文

手中高举着黄花，借着明亮的月色，将鲜艳的花朵插在头上；用手拢一下乌黑的头发，挽起像云朵一样高高耸起的发髻。

原文

叠轻蕊而矜暖[①]，布重泥而讶湿；迹[②]似连珠，形如聚粒。

注释

①蕊：花蕊。矜暖：温暖。②迹：行迹。

译文

雨滴重重叠叠轻轻地包裹着花蕊，使花蕊看起来很温暖的样子；雨滴落在厚厚的土地上，惊讶地发现它沾湿了土地。雨滴下落的样子就像是穿起来的珠子，落下来形状像是聚在一起的珠粒。

原文

霄光分晓，出虚窦①以双飞；微阴合瞑②，舞低檐而并入。

注释

①虚窦：虚掩的鸟巢。②微阴合瞑：天色将要变得晦暗的时候，即指夜晚即将来临的时候。

译文

天刚蒙蒙亮的时候，鸟儿就从虚掩着的鸟巢中成双成对地飞出；夜晚即将来临的时候，鸟儿又在屋檐下飞舞着一同归巢。

原文

傲骨、侠骨、忠骨，即枯骨可致千金①；冷语、隽语、韵语，即片语亦重九鼎②。

注释

①枯骨可致千金：化用《战国策·燕策一》之典故：古代的君王用千金求千里马，三年也未能求得，又过了三年，寻得一匹死去的千里马，君王以五百金买其马骨，于是不到一年就求得三匹。②片语亦重九鼎：化用《史记·平原君虞卿列传》之典故：秦昭王十五年的时候，秦国兵围赵都邯郸，毛遂向赵国平原君自我推荐前往楚国求救并顺利获得援助，平原君称赞曰："毛先生一至楚而使赵重于九鼎大吕。"

译文

狂傲之骨、侠义之骨、忠贞之骨，即使是枯骨也可以价值千金；冷语、隽语、韵语，即使是只言片语也可以一言九鼎。

原文

书载茂先三十乘[1]，便可移家；囊无子美一文钱[2]，尽堪结客。

注释

①书载茂先三十乘：茂先，即晋代文学家张华，据《晋书·张华传》记载：“雅爱书籍，身死之日，家无余财，惟有文史溢于几箧。尝徙居，载书三十乘。”②囊无子美一文钱：化用杜甫的典故。唐代大诗人杜甫，字子美，虽然穷困潦倒，但始终关注国家民生之事，结交了很多诗人朋友，曾自作《空囊》，诗中有云：“囊空恐羞涩，留得一钱看。”

译文

像文学家张华那样藏书达三千乘，便可以搬家了；像杜甫那样囊中没有一文钱，仍然可以结交宾客。

原文

松枝自是幽人[1]笔，竹叶常浮野客杯。且[2]与少年饮美酒，往来射猎西山头。

注释

①幽人：隐居之人。②且：姑且。

译文

松枝自然会充当幽居隐士的笔，竹叶常常是漂浮在山野之人的杯中。姑且与少年一起饮用美酒，然后到西山头打猎。

原文

群鸿戏[1]海，野鹤游天[2]。

注释

①戏：嬉戏。②游天：翱翔于天空。

译文

成群的大雁一起在大海上嬉戏，成群的仙鹤一起在蓝天上翱翔。

精彩点拨

本卷主旨是描写气节、气度。面对国家被外敌侵略的残酷事实，权贵、豪门、重臣眼看着国土沦丧的局面，仍然花天酒地、歌舞升平，而那些甘愿为国出力、为民请命的文人学士空有一腔热血，却报国无门。作者通过描写两种社会群体的不同表现，表达了一种善意的劝诫和无情的揭露与批判，意在触动那些豪门、权贵多为国家社稷着想。本卷引用了许多为国为民、可歌可泣的历史典故，如“血三年而藏碧，魂一变而成红”“枯骨可致千金，片语亦重九鼎”等，诠释了忠孝的根本与价值。

阅读积累

雁　山

雁山，即指雁门山，海拔1000多米。位于白水宜君交界处，途经蒲、白水、宜君，一直通向黄陵县。相传古时候因有一只神雁落在山上而得名。雁门山所在的恒山山脉东北面是西南走向，横亘约700千米。万里长城的内长城从阳方口以东，沿着恒山山势蜿蜒东去，沿途关隘林立，雁门山上的雁门关是最为雄伟也是最具传奇色彩的关口。

雁门山古称勾注山、陉岭、西陉山陉。这里群峰挺拔、地势险要，它“外壮大同之藩卫，内固太原之锁钥，根抵三关，咽喉全晋”。自从建立雁门关后，更有“一夫当关，万夫莫开”之势，战略地位相当重要。

卷四　灵

精彩导读

《灵》是《小窗幽记》中的第四卷散文。灵，是指灵敏、灵巧、机灵等，引申为人聪明、灵活、通晓事理。古人认为人死后会化为精灵、神灵，所以灵又与死人有关，如灵堂。作者把本篇题目定为灵，即与灵相关的人、事、物都在本卷涵盖之下。可见作者对灵的认识与理解是何等的高明与透彻。天地万物，大到宇宙空间星罗棋布，日月运转；小至春夏秋冬日夜交替，霜露雨电，风雪雾瘴等，无不有其灵性而丝毫不乱。万物中人因有其心灵的力量而成为万物之灵。作者通过灵表达了对人和自然的热爱与赞美。

原文

灵①天下有一言之微②，而千古如新；一字之义，而百世如见者，安可泯灭③之？故风、雷、雨、露，天之灵；山、川、民、物，地之灵；语、言、文、字，人之灵。此三才之用，无非一灵以神其间，而又何可泯灭之？

注释

①灵：灵气，灵验。②微：微小。③泯灭：消灭。

译文

天下有那么微小的一句话，而千百年之后读来仍有新意；有那么一个字的意义，在百世之后读它还如亲眼所见一般真实，怎么可以让这些字句消失呢？风、雷、雨、露，是天的灵气；山、川、民、物，是地的灵气；语、言、文、字，是人的灵气。天、地、人三才所呈现出来的种种现象，无非是“灵”使得它们神妙难尽，而又怎么能让这灵性消失泯灭呢？

原文

投刺空劳[1]，原非生计；曳裾[2]自屈，岂[3]是交游。

注释

①刺：名刺。空劳：徒劳。②曳裾：提着裙裾。③岂：怎么，难道。

译文

呈递自己的名刺前去拜见也只是空劳，没有结果，这原本也不是谋生之道；提着裙裾卑屈地奔走于权贵之门，这怎么会是交友周游呢？

原文

志要高华[1]，趣[2]要淡泊。

注释

①志：志向。高华：远大。②趣：志趣。

译文

志向应该远大具有光辉，志趣应该淡泊恬静。

原文

好香用以熏德[1]，好纸用以垂世，好笔用以生花，好墨用以焕彩，好茶用以涤烦[2]，好酒用以消忧。

注释

①熏德：熏陶自己的德行。②涤烦：涤除烦恼。

译文

好香用来熏陶自己的品德，好纸用来写传世不朽的文字，好笔用来写下美好的篇章，好墨用来描绘光彩夺目的图画，好茶用来涤除心灵的烦闷，好酒则用来化解心中的忧愁。

原文

声色娱情，何若净几明窗[①]，一生息顷[②]？利荣驰念，何若名山胜景，一登临时？

注释

①净几明窗：洁净的书桌和明亮的窗子。②息顷：休息。

译文

在声色娱乐中去求得心灵愉快，哪里比得上在洁净的书桌和明亮的窗前，陶醉在宁静中的快乐？为荣华富贵而思前想后，哪里比得上登高望远赏名山美景来得真实？

原文

竹篱茅舍，石屋花轩，松柏群吟，藤萝翳[①]景；流水绕户，飞泉挂檐；烟霞欲栖[②]，林壑将瞑[③]。中处野叟山翁四五，予以闲身，作此中主人。坐沉红烛，看遍青山，消[④]我情肠，任他冷眼。

注释

①翳：阴翳。②栖：栖息。③瞑：晦暗。④消：排遣。

译文

竹子篱笆，茅草屋舍，石头屋，开满鲜花的长廊，风吹松柏，发出呼啸之声，藤萝密密麻麻形成一片阴翳；流水绕过门前，如同飞泉挂在屋檐；烟霞好像要在此栖息一样，林壑将要笼罩在晦暗之中。居住在山间的野老山翁四五个人相聚，我悠闲无事，做此山中的主人。坐看红烛燃烧，遍览青山，排遣我心中的情怀，任凭别人的冷眼。

原文

问妇索酿[①]，瓮有新刍[②]；呼童煮茶，门临好客。

注释

①酿：酒。②新：刚刚。刍：喂牲口的草，在此指粮食。

译文

向妇人索要酒喝，瓮中正好有刚刚酿造好的；呼唤童子煮茶，家中有好友相访。

原文

累月独处，一室萧条，取云霞为伴侣，引青松为心知；或稚子[①]老翁，闲中来过，浊酒一壶，蹲鸱[②]一盂，相共开笑口，所谈浮生闲话，绝不及市朝[③]。客去关门，了无报谢，如是毕[④]余生足矣。

注释

①稚子：儿童，孩童。②蹲鸱：即大芋，形状与蹲伏的鸱相似，因此又称蹲鸱。③市朝：市井朝廷。④毕：完毕，终结。

译文

在连续几个月的独居生活中，虽然满屋子萧条冷清，但常将浮云彩霞视作伴侣，将青松引为知己；有时候老翁带幼童过来拜访，这时以一壶浊酒、一盘大芋招待客人，谈着一些家常话，会心地开口大笑，绝不谈及市肆朝廷方面的俗事。客人离开便关门，不需要起身送客或言谢。能这样过一辈子我就很满足了。

原文

如今休去便休去①，若觅了时②了无时。

注释

①休去：停止。②了时：了结之时。

译文

只要现在能够停止，一切便终止了；如果想要等到事情都了结之时，那么终究没有了尽的时候。

原文

开眼便觉天地阔，挝鼓①非狂；林卧不知寒暑更，上床空算②。

注释

①挝鼓：化用祢衡击鼓当面辱骂曹操的典故。②上床空算：化用陈登的典故。陈登，字元龙，东汉时期人，据《三国志·魏书·陈登传》记载：许汜见陈登，陈登也不和许汜说话，自己睡在大床上，让许汜睡在下床。许汜告之刘备，刘备曰："君有国士之名，今天下大乱，帝主失所。望君忧国忘家，有救世之意，而君求田问舍，言无可采，是元龙所讳也，何缘当与君语汜如小人，欲卧百尺楼上，卧君于地，何但上下床之间邪？"

译文

睁开眼睛就会觉得天地十分广阔，即使是像祢衡击鼓当面辱骂曹操之举也不是狂；卧居山林之中不知道天气时节，即使是像陈登那样的忧国忘家，怀有救世之意的人也只能是白白筹算。

原文

梦以昨日为前身①，可以今夕为来世。

注释

①前身：前生，本为佛教用语。佛教认为人有三世，即前世、今世、来世。

译文

倘若梦中把昨天当作前身的话，那么也可以把今天晚上称为来世。

原文

读史要耐讹①字，正如登山耐仄路②，踏雪耐危桥，闲居耐俗汉③，看花耐恶酒，此方得力。

注释

①讹：错误。②仄路：狭窄弯曲的小路。③俗汉：俗人。

译文

读史书要忍受得了错误的字，就像登山要忍耐山间的隘路，踏雪要忍耐危桥，闲暇生活中要忍耐得了俗人，看花时要忍耐得了劣酒一样，这样才能进入史书佳境中。

原文

世外交情，惟山而已。须有大观眼[①]，济胜具[②]，久住缘，方许与之莫逆。

注释

①大观眼：洞察万物的慧眼。②济胜具：登临山川名胜的强健躯体。具，躯体。出自《世说新语·栖逸》："许掾好游山水，而体便登陟。时人云：'许非徒有胜情，实有济胜之具。'"

译文

俗世之外的交情，只有山而已。必须有能够洞察一切的慧眼，能够周游山川名胜的强健体魄，能够久居山中的缘分，这样才可以与山成为莫逆之交。

原文

九山[①]散樵迹，俗间徜徉自肆，遇佳山水处，盘礴箕踞[②]，四顾无人，则划然长啸，声振林木；有客造榻与语，对曰："余方游华胥[③]，接羲皇[④]，未暇理君语。"客之去留，萧然不以为意。

注释

①九山：一说泛指天下的名山，一说为实指的九座名山，会稽山、太山、王屋山、首山、太华山、岐山、太行山、羊肠山、孟门山。②盘礴箕踞：两腿叉开前伸、稳稳当当地席地而坐，这种坐姿在古代被视为不庄重、轻慢，在此以这种坐姿表明其随意、不受拘束。③游华胥：据《列子》记载，黄帝"昼寝，梦游华胥之国"，在此泛指做梦、梦游。④羲皇：即上古时期的部落首领伏羲氏，相传其曾作八卦图。

译文

九州之名山都散布着我采樵的足迹，在俗世间肆意徜徉，遇到好山好水，就两腿前伸舒服地坐下，四下张望，没人的话就会对天长啸，声音在树林间回荡；每当有客人登门拜访与我谈论，我就会说：“我正在周游华胥之国，与伏羲氏畅谈，没有时间理会你的话。”客人的去留，全然不挂在心上。

原文

客散门扃，风微日落，碧月皎皎当空，花阴[①]徐徐满地；近檐鸟宿，远寺钟鸣，茶铛[②]初熟，酒瓮乍开；不成八韵新诗，毕竟一团俗气。

注释

①花阴：即花荫，在此指月光下花儿的影子。②铛：锅。

译文

宾客散了之后，关闭大门，微风习习。夕阳已落，晴朗的天空悬挂着皎洁的明月，花儿的影子洒了一地；临近的屋檐下鸟儿已经栖息，远处传来寺院的钟声，茶炉中刚刚煮好清茶，酒瓮中的美酒刚刚启封；在此种情韵景致下，不能写出八韵新诗，毕竟还是俗气。

原文

不作风波[①]于世上，自无冰炭到胸中。

注释

①风波：代指对尘世间的各种欲望的追求。

译文

不为世间的欲望兴风作浪，自然没有寒冷如冰或焦灼如火的感觉。

原文

秋月当天，纤云都净[①]，露坐空阔去处，清光冷浸，此身如在水晶宫里，令人心胆澄澈。

注释

①纤云都净：没有一丝一毫的云彩。

译文

秋月悬挂在晴空之中，没有一丝云彩，十分澄净，迎着露水坐在空阔的地方，清凉的月色侵入骨髓，带来阵阵寒意，就好像身在水晶宫中一样，使人的心胆都变得十分澄净清澈。

原文

凡醉各有所宜[①]。醉花宜昼，袭其光也；醉雪宜夜，清其思也；醉得意宜唱，宣其和也；醉将离宜击钵，壮其神也；醉文人宜谨节奏，畏其侮也；醉俊人宜[②]益觥盂加旗帜，助其烈也；醉楼宜暑，资其清也；醉水宜秋，泛其爽也。此皆审[③]其宜，考[④]其景，反此则失饮矣。

注释

①宜：适宜。②俊人：才俊之士。益：增加。③审：审视。④考：考虑。

译文

大凡醉酒都需要有具体的情景与之相适应。赏花醉酒适合在白昼，可以借助于白昼的光线；赏雪醉酒适宜在夜里，可以整理思绪；因得意而醉酒时适合高歌，可以宣泄兴奋之情达致和谐；因即将离别而醉酒适宜击钵，可以增强其神色；文人吟诗醉酒适宜对节奏格外谨慎，可以避免不必要的侮辱；俊杰之士醉酒适宜增加酒杯旗帜，可以助长豪放之气氛；登楼远望醉酒适宜在酷暑，可以使清爽之感更强烈；观赏湖水而醉酒适宜在秋季，可以更为凉爽。这些都是审时度势，根据具体情况，考虑到具体情景而提出的，与此背道而驰，就会失去饮酒的乐趣。

原文

竹风一阵，飘飏茶灶疏烟①；梅月半湾，掩映书窗残雪。

注释

①飘飏：即飘扬。疏：稀疏。

译文

竹林中吹来一阵清风，飘来了茶灶的几缕稀疏的青烟；梅花开放，明月映照半湾村落，与书窗外的残雪相掩映。

原文

聪明而修洁①，上帝固录清虚②；文墨而贪残，冥官③不受辞赋。

注释

①修洁：修行高洁。②上帝：上天。录：录用。③冥官：阴间的官员。

译文

为人既聪慧又有高洁的操行，上天自然就会录用他到清虚之所；擅长行诗作文却贪婪凶残，即使是阴曹地府的判官也不会接受他的辞赋。

原文

破除烦恼，二更山寺木鱼①声；见彻性灵，一点云堂优钵影②。

注释

①木鱼：佛教的法器，念经时常常敲击，用以警戒自己。②云堂：禅宗僧侣们坐禅修行之所。优钵：梵语，指青莲花。

译文

要想破除心中的烦恼，只要聆听二更时山中寺庙的木鱼声即可；要想对人性和智慧得到透彻的领悟，只要看佛堂里的青莲花即可。

原文

兴[①]来醉倒落花前，天地即为衾枕[②]；机息[③]坐忘磐石上，古今尽属蜉蝣[④]。

注释

①兴：兴致。②衾枕：棉被枕头。③机息：平息机心。④蜉蝣：一种昆虫，生命十分短暂，常常只有几个小时。

译文

兴致来的时候，在落花之前醉倒，天地就是我的棉被和枕头；放下机心，坐在大石上将一切忘怀，古今的一切纷扰，看来都像蜉蝣的生命一般短暂。

原文

老树着花[①]，更觉生机郁勃；秋禽弄舌[②]，转令幽兴萧疏[③]。

注释

①着花：开花。②弄舌：鸣叫。③萧疏：稀疏。

译文

老树开花，更觉得富有生机；秋天的禽鸟鸣叫，反而使得幽静之意趣减少。

原文

完得心上之本来，方可言了[①]心；尽得世间之常道[②]，才堪论出世。

注释

①了：明了，明白。②常道：不发生改变的道理。

译文

完全认识到自己本来的面目，才算是明了心的本体。理解透世间不变的道理，才足以谈论出世之道。

原文

雪后寻梅，霜前访菊，雨际护兰，风外听竹；固野客之闲情[①]，实[②]文人之深趣。

注释

①固：原本。野客：幽居于山野的人。②实：实际上。

译文

在大雪之后寻找梅花，在秋霜来临之前寻访菊花，在大雨降临之际呵护兰花，在大风之外聆听风吹竹叶之声；这原本是闲居山野之客的闲情，实际上也是文人墨客的雅趣。

原文

结[①]一草堂，南洞庭月，北峨眉雪，东泰岱松，西潇湘竹，中具晋高僧支法[②]，八尺沉香床。浴罢温泉，投床鼾睡，以此避暑，讵[③]不乐也？

注释

①结：搭建。②支法：佛教术语，即塔。③讵：怎能，表示反问。

译文

搭建一草堂，南有洞庭水可以观赏洞庭月色，北有峨眉山可以赏峨眉雪景，东面种上泰山之青松，西面种上潇湘之竹，中间摆置晋代高僧的支法，摆放一张八尺长的沉香床。在温泉中洗浴之后，躺在床上酣睡。这样避暑，怎能不快乐呢？

原文

人有一字不识，而多诗意；一偈不参[①]，而多禅意；一勺不濡[②]，而多酒意；一石不晓，而多画意。澹宕[③]故也。

注释

①偈：佛偈。参：参悟。②一勺不濡：一滴酒不沾。③澹宕：淡泊，不受拘束。

译文

有的人不认识一个字，却富有诗意；一句佛偈都不参悟，却很有禅意；一滴酒也不沾，却满怀酒趣；一块石头也不把玩，却满眼画意。这是他淡泊而无拘无束的缘故。

原文

以看世人青白眼[①]，转而看书，则圣贤之真见识；以议论人雌黄口，转而论史，则左狐[②]之真是非。

注释

①青白眼：化用阮籍见嵇喜、嵇康，阮籍分别以白眼、青眼相待的典故，详见前文所注。②左狐：即左丘明、董狐，二人分别是春秋时期鲁国和晋国的史官，记载史实秉笔直书，是难得的良史。

译文

用看待世人的青眼与白眼来看书，就会具备圣人贤士的真知灼见；用议论他人是非的雌黄之口来评论历史，就会具有像左丘明、董狐这样的良史的是非观。

原文

事到全美处，怨我者不能开指摘之端①；行到至污②处，爱我者不能施③掩护之法。

注释

①端：借口。②至污：极为污秽。至，最。③施：实施，采用。

译文

做事做到极为完美的境地，即使是怨恨我的人也找不到指摘我的借口；行事达到了极为污秽的境地，即使是爱我的人也不能实施掩护的方法。

原文

无事当学白乐天之嗒然①，有客宜仿李建勋之击磬②。

注释

①白乐天：即中堂诗人白居易，字乐天。嗒然：指物我两忘的心境。②李建勋之击磬：李建勋，唐末五代时期人，《玉壶清话》记载李建勋有一玉磬，用沉香节为其安柄，敲击声十分清越。每当有客人谈到猥俗之事时，他就会在耳边敲击几声玉磬，有人问他原因，他回答说是要用玉磬声洗耳。

译文

没事的时候应该学学白居易物我两忘的心境，有客人来访的时候应该仿效李建勋以击磬声洗耳。

原文

郊居，诛茅结屋，云霞栖梁栋之间，竹树在汀洲之外；与二三之同调[①]，望衡对宇，联接巷陌；风天雪夜，买酒相呼；此时觉曲生[②]气味，十倍市饮。

注释

①同调：志趣相投。②曲生：即酒。据唐代郑荣《开天传信记》记载，叶法善宴饮宾客，有一个人自称“曲秀才”，与众多宾客进行论辩，话语十分犀利。叶法善怀疑他是鬼蜮，就用剑行刺，结果“曲秀才”竟然化成一瓶浓酒，味道极佳。叶法善于是对着酒瓶作揖，说道：“曲生风味，不可忘也”，之后“曲生”就成为酒的代称。

译文

居住在郊外山野，修剪茅草搭建茅屋，栋梁之间云霞缭绕，在汀洲之外栽种竹林；与两三个志趣相投的朋友，门户房屋相对，小道巷陌相连接；在狂风大雪的天气，买来美酒，呼喊朋友，一起畅饮；此时就会感觉酒味要比市井酒肆里的好上十倍。

原文

醉后辄[①]作草书十数行，便觉酒气拂拂[②]，从十指出也。

注释

①辄：就。②拂拂：上涌升腾的样子。

译文

喝醉酒之后写下数十行草书，就会觉得酒气上涌升腾，从十指中透出，渗入字体之中。

原文

书引藤为架，人将薜①作衣。

注释

①薜：薜萝，又称女萝，一种植物，自屈原《楚辞·远游》中“使湘灵鼓瑟兮，被薜荔兮带女萝”诗句之后，女萝就成为隐者的装扮。

译文

书应该放在用藤条编制的书架之中，隐士应该穿薜萝制成的衣服。

原文

从江干溪畔箕踞①，石上听水声，浩浩潺潺，粼粼泠泠，恰似一部天然之乐韵，疑有湘灵②，在水中鼓瑟也。

注释

①箕踞：两腿叉开前伸，席地而坐，姿态与簸箕相似，在古人看来这是一种很不雅的表现，在此指很惬意地、没有约束地坐着。②湘灵：湘水之神，又称为湘君，屈原《楚辞·远游》中有“使湘灵鼓瑟兮，令海若舞冯夷”，“使湘灵鼓瑟兮，被薜荔兮带女萝”等诗句。

译文

在江岸或小溪边的石上叉开腿坐着，聆听着水声，时而声势浩大，时而浅吟低唱粼粼细波，时而沉默寂静，恰似一部大自然的旋律。我不禁怀疑是否有湘水的女神在水中弹琴。

原文

鸟啼花落，欣然有会于心，遣小奴，挈瘿樽①，酤白酒，饮一梨花瓷盏②，急取诗卷，快读一过以咽之，萧然不知其在尘埃间也。

注 释

①瓔樽：瓔形的盛酒的容器。②盏：杯。

译 文

听到鸟儿鸣叫，见到花儿飘落，心中有所领悟而由衷欣喜，便叫小僮带着酒瓮买回白酒，以梨花瓷盏饮下一杯酒，并马上取来诗卷，快读一遍以助酒兴，这时胸中清爽快意，仿佛离开了凡俗的人间。

原 文

从山阴道上行，山川自相映发①，使人应接不暇；若秋冬之际，犹②难为怀。

注 释

①映发：辉映生发。②犹：尤其。

译 文

从树木成荫的山间小道上行走，自然会发现青山白川相互辉映，让人感觉到美景应接不暇；倘若是在秋冬季节，更是让人不能忘怀。

原 文

箕踞于斑竹林中，徙①倚于青矶石上；所有道笈梵书②，或校雠③四五字，或参讽④一两章。茶不甚精，壶亦不燥，香不甚良，灰亦不死；短琴无曲而有弦，长讴无腔而有音。激气发于林樾，好风逆之水涯，若非羲皇⑤以上，定亦嵇阮⑥之间。

注 释

①徙：迁徙。②道笈梵书：道家和佛家的经书。③雠：错误。④参讽：参悟评议。

⑤羲皇：即上古时期的伏羲氏。⑥嵇阮：嵇康、阮籍。嵇康，字叔夜，好老庄之说，崇尚自然、养生之道。阮籍，字嗣宗，曾任步兵校尉，世称阮步兵。二人皆崇奉老庄之学，与山涛、向秀、刘伶、王戎及阮咸并称为“竹林七贤”。

译文

两腿前伸肆意舒展地坐在斑竹林中，然后走过去靠在青矶石上；任意翻阅一些道家佛家的经书，或者校对四五个错字，或者参悟评议其中的一两章经文。所饮之茶不需要多么好，茶壶也不一定要很烫，焚烧的香不需要太好，只要香火不断香灰不冷就好；弹奏短琴不需要按照固定的曲调，只要优美就好，放声高歌不需要规范的腔调，只要是心灵之音就行。树林中激荡着意气，和煦的清风吹拂着水面，倘若不是伏羲氏这样的上古圣人，就必定是嵇康、阮籍这样的魏晋贤人。

原文

读书不独[1]变气质，且能养精神，盖[2]理义收缉故也。

注释

①不独：不仅仅。②盖：表示推测。

译文

读书，不仅仅会改变人的气质，还能培养人的精神修养，大概是读书可以使人以理义收摄心志、消除杂念的缘故。

原文

周旋人事后，当诵一部清静经；吊丧问疾[1]后，当念一通扯淡歌。

注释

①吊丧问疾：悼念丧事，探问病人。

译文

周旋于人事、应酬之间，应当诵读一部使人心灵清净的《清静经》；悼念丧事，探问病人之后，应当念一通《扯淡歌》。

原文

清之品有五：睹标致[1]，发厌俗之心，见精洁，动出尘[2]之想，名曰清兴；知蓄书史，能亲笔砚，布景物有趣，种花木有方，名曰清致；纸裹中窥钱，瓦瓶中藏粟，困顿于荒野，摈弃乎血属[3]，名曰清苦；指幽僻之耽，夸以为高，好言动之异，标以为放，名曰清狂；博极今古，适情泉石，文韵带烟霞，行事绝尘俗，名曰清奇。

注释

①标致：美好。②出尘：脱离尘世。③血属：亲属，亲人。

译文

“清”这一品性包含五种境界：目睹标致美丽之物，产生厌恶世俗之心，看到景致简洁之物，萌生出世的想法，这称之为“清兴”；知道收藏经书史书，能够亲近笔砚，景物的设置富有情趣，栽种花木有好的方法，这称之为“清致”；在废纸之中窥探钱币，在碎瓦旧瓶之后储藏米粟，困顿地生活在荒野之中，被亲人所摒弃，这称之为“清苦”；把爱好清幽僻静这种癖好夸称为高雅，把说话做事喜欢标新立异的癖好标榜为狂放不羁，这称之为“清狂”；博古通今，适情于泉水幽石，诗词带有烟霞之韵致，行事超凡脱俗，这称之为“清奇”。

原文

打透[1]生死关，生来也罢，死来也罢；参破[2]名利场，得了也好，失了也好。

注释

①打透：打通。②参破：参悟透。

译文

能够看透生与死的界限，那么活着也是如此，死了也是如此；看破了名利争逐的虚妄，得到了也好，失去了也无所谓。

原文

混迹尘中，高视物外①；陶情杯酒，寄兴篇咏；藏名②一时，尚友千古。

注释

①高视物外：超出世间的物累。②藏名：隐藏名声。

译文

立足于尘世中，眼光高远超出世间的物累；在酒杯中陶冶自己的情趣，在诗篇歌咏中寄托自己的意趣；暂且隐匿自己的声名，还能够在精神上与古人为友。

原文

痴矣狂客，酷好①宾朋；贤哉细君②，无违夫子③。醉人盈座④，簪裾⑤半尽；酒家食客满堂，瓶瓮不离米肆。灯烛荧荧，且耽⑥夜酌；爨烟⑦寂寂，安问晨炊。生来不解攒眉⑧，老去弥堪鼓腹⑨。

注释

①酷好：十分喜爱。②细君：本为诸侯对自己妻子的称呼，后来范围扩大，泛指妻子。③夫子：丈夫。④盈座：满座。⑤簪裾：头饰、衣衫。簪，代指头饰。⑥耽：沉迷，沉醉。⑦爨烟：炊烟。⑧攒眉：皱眉头，代指发愁。⑨鼓腹：鼓起肚子，指生活很安逸。化用《庄子·马蹄》之典故："夫赫胥氏之时，民居不知所为，行不知所之，含哺而熙，鼓腹而游。"

译文

痴迷狂放的人，往往特别喜欢结交宾客；贤惠的妇人，从来不会违背丈夫。满座都是喝醉酒的人，头饰衣襟都半开着；酒店客人满堂，装米的瓶瓮一直没有离开过米肆。在昏暗的烛光下，依然暂时沉醉在夜饮之中。炊烟没有升起一丝，为何非要询问早餐呢？生来就不懂攒眉发愁是什么滋味，老了更应该悠闲舒适地生活。

原 文

皮囊[①]速坏，神识[②]常存，杀万命以养皮囊，罪卒归于神识。佛性无边，经书有限，穷万卷以求佛性，得不属于经书。

注 释

①皮囊：身体。②神识：佛教中的第八识即阿赖耶识，它能够在人死后保存人的身体、言语、意念，使人在转世轮回中接受前生的因果报应。

译 文

人的身体会很快朽坏，但是神识却永远存在，杀死各种动物的生命来供养身体，罪业终究收纳到神识中；人的悟性是无边无际的，而经书中的文字有限，用穷究万卷经书之法来获得了悟，悟性得来却不属于经书。

原 文

人胜[①]我无害，彼无蓄[②]怨之心；我胜人非福，恐有不测之祸。

注 释

①胜：超过。②蓄：积蓄。

译 文

他人胜过我并没有什么害处，这样他便不会在心中积下对我的妒恨；我胜过他人不见得是福气，也许会有难以预测的灾祸发生。

原文

书屋前，列曲槛[1]栽花，凿方池浸月，引活水[2]养鱼；小窗下，焚清香读书，设净几[3]鼓琴，卷疏帘看鹤，登高楼饮酒。

注释

①曲槛：即曲栏，弯曲的栅栏。②活水：流动的泉水。③几：几案。

译文

在书屋的前面，设置弯曲的栅栏以栽种花草，凿出一片方形的池塘，让月亮的倒影浸入其中，引来泉水养些小鱼；坐在小窗下，在焚烧着清香的屋子中读书，设置洁净的几案弹琴，卷起稀疏的帘子看窗外的野鹤，登上高楼迎风饮酒。

原文

人人爱睡，知其味者甚鲜[1]；睡则双眼一合，百事俱忘，肢体皆适，尘劳尽消，即黄粱南柯[2]，特余事已耳。静修[3]诗云："书外论交睡最贤。"旨哉言也。

注释

①鲜：少。②黄粱南柯：分别出自唐代李泌的《枕中记》和唐代李公佐的《南柯记》。黄粱，指贫困书生卢生未求得功名，在邯郸遇到一道士，就向其抱怨倾诉自己的不得志。道人就拿出一枕头，声称能够消除烦恼，实现心中所愿，于是卢生枕上此枕睡觉。当时旅店正在做黄粱饭，卢生在梦中享尽了荣华富贵，醒来之时旅店的黄粱饭还未做好，故称"一枕黄粱"。南柯，淳于棼在梦中梦到自己到了槐安国，娶了公主，并被封为南柯太守，生活极为奢华，后来因行军作战不利，公主也死去，就被遣回。③静修：元代诗人、思想家刘因，号静修。

译文

每个人都爱睡觉，可是知道其中妙韵的却很少；睡觉就闭上双眼，忘记世间一切事情，伸展四肢使之十分舒适，尘世的疲劳全部都消除了，至于做一下像黄粱、南柯这样的美梦，那倒是其次。静修先生有诗云："除了书本以外，就是睡觉的交情和我最好了。"这真是高论。

原文

贫不能享客，而好结客；老不能徇[①]世，而好维[②]世；穷不能买书，而好读奇书。

注释

①徇：依徇，顺从。②维：维持。

译文

贫困之人不能款待客人，使之尽情享受，但是却往往喜好结交朋友；老人不能依顺世事新潮，却往往喜好维持世间原本的秩序；穷人买不起书，但是却往往特别喜欢读奇书。

原文

沧海[①]日，赤城[②]霞；峨眉雪，巫峡云；洞庭月，潇湘雨；彭蠡[③]烟，广陵[④]涛；庐山瀑布，合宇宙奇观，绘吾斋壁。少陵[⑤]诗，摩诘[⑥]画；左传文，马迁史；薛涛[⑦]笺，右军[⑧]帖；南华经[⑨]，相如赋；屈子离骚，收古今绝艺，置我山窗。

注释

①沧海：即东海。②赤城：山名，因土为赤色，因此得名，位于今浙江天台山南门。③彭蠡：即鄱阳湖。④广陵：即扬州。⑤少陵：即唐代诗人杜甫，人称“诗圣”，因其自号少陵野老，故世人又称其为杜少陵。⑥摩诘：即唐代诗人王维，擅长行诗作画。⑦薛涛：唐代女诗人，曾让匠人造出彩色的纸笺，世人称为薛涛笺。⑧右军：晋代大书法家王羲之，曾做过右军将军，在此以官职代指其人。⑨南华经：《庄子》一书又名《南华经》。

译文

沧海的日出，赤城的红霞，峨眉山的积雪，巫峡的白云；洞庭湖的明月，潇湘的雨，彭蠡的烟雾，广陵的波涛；庐山的瀑布，集合了天地间所有的美景奇观，来描绘我书斋的墙壁。杜甫的诗、王维的画；左丘明的《左传》，司马迁的史书；薛涛的诗笺，王羲之的书帖；庄子的《南华经》，司马相如的赋；屈原的《离骚》，收罗古今绝妙的艺术，放置在我山居的窗前。

原文

偶饭淮阴①，定万古英雄之眼；醉题便殿②，生千秋风雅之光。

注释

①淮阴：即指淮阴侯韩信，韩信年少之时十分贫困，有一次在城外河边遇到一群洗衣的妇女，其中有位漂母见其饥饿之状，就施舍他饭食几十天。韩信曾声言他日富贵后必定回报，漂母很生气地说并非为了他的回报而施舍。②醉题便殿：据史书记载李白曾经在便殿为唐明皇撰写诏书文诰，当时天气大寒，笔被冻上，写不成字，明皇就派十个宫嫔，各自拿着笔呵热气，呵热后再让李白使用。

译文

漂母偶然间施舍饭于韩信之时，已经具备了识别万古英雄的慧眼；李白醉酒之后在便殿题写诗文，生成了千秋的风雅之光。

原文

宠辱不惊，肝木①自宁；动静以敬，心火自定；饮食有节，脾土不泄；调息寡言，肺金自全；怡神寡欲，肾水自足。

注释

①肝木：按照中医学说，人体的五脏是与阴阳五行相对应的，肝与木相对，心与火相对，脾与土相对，肺与金相对，肾与水相对，因此称肝木、心火、脾土、肺金、肾水。

译文

受到恩宠、遭到侮辱都不惊慌，肝木自然就会安宁；无论做事还是静处都以一种恭敬之心对待，心中之火自然会平和；饮食有一定的节制，脾土自然就不会泄露；调养气息少说话，肺金自然就会保全；怡情悦性，清心寡欲，肾水自然就会充足。

原文

让[①]利精于取利，逃名巧[②]于邀名。

注释

①让：推让，转让。②巧：聪慧，智慧。

译文

让利于人比争取利益更精明，逃避名声比争夺名声更明智。

原文

彩笔描空，笔不落色，而空亦不受染[①]；利刀[②]割水，刀不损锷，而水亦不留痕。

注释

①染：染色。②利刀：锋利的刀。

译文

用彩笔在空中描绘，笔没有着色，空气也不会染色；用锋利的刀割断水面，刀刃不会被磨损，水也不会留下什么痕迹。

原文

唾面自干，娄师德不失为雅量[①]；睚眦必报，郭象玄未免为祸胎[②]。

注释

①“唾面自干”两句：典出《新唐书·娄师德传》。娄师德的弟弟驻守代州，辞官，

娄师德教导弟弟要学会忍耐，其弟曰：“人有唾面，洁之乃已。”娄师德却说：“未也，洁之，是违其怒；正使自干耳。”②“睚眦必报”两句：汉末董卓的两位部下郭汜(字象玄)、李傕因为一点儿小事留下嫌隙而相互攻讦。

译文

被人唾吐到脸上不擦掉，任其自然风干，娄师德这样很有雅量；一点点的嫌隙必定也要报复，像郭象玄这样的做法不免为日后种下祸根。

原文

藏锦于心，藏绣于口；藏珠玉于咳唾，藏珍奇于笔墨；得时则藏于册府①，不得则藏于名山。

注释

①册府：国家编纂收藏史书的地方。

译文

锦绣般的好文章藏在心间、口中，珠玉珍奇般的语句藏于吟咏之间，藏在笔端；倘若时机成熟，就写出来收藏在册府之中，倘若不合时宜，就写出来藏在名山之中。

原文

子弟①排场，有举止而谢飞扬，难博缠头之锦②；主宾御席③，务廉隅而少蕴藉④，终成泥塑之人。

注释

①子弟：梨园子弟，指唱戏的人。②缠头之锦：古代的歌舞演员都要用锦包缠头部，表演深受赞赏之时，宾客往往会以罗锦相赠。③御席：入席。④廉隅：神情庄重、行为端庄。蕴藉：和谐融洽。

译文

梨园子弟开场，要行为举止得体而不张扬夸张，否则很难赢得用来缠头的罗锦；主要的宾客入席，一定要神情庄重、行为端庄，没有了和谐融洽的氛围，终究会成为泥偶一样的人。

原文

有快捷之才，而无所建用，势必乘愤激之处，一逞雄风；有纵横之论[1]，而无所发明，势必乘簧鼓[2]之场，一恣余力。

注释

①纵横之论：本指战国时期的合纵连横之说，后代指经世治国的宏论。②簧鼓：古代笙竽之类的乐器都有簧，吹奏鼓动发声，常常用其喻指搬弄是非。

译文

怀有快捷之才，却没有什么用武之地，势必会借愤激之处，一逞雄风；怀有经世的纵横之才，却没有施展宏论之地，势必会乘借时机场合竭尽全力巧舌如簧地搬弄是非。

原文

敦厚之人，始可托大事，故安刘氏者，必绛侯[1]也；谨慎之人，方能成大功，故兴汉室者，必武侯[2]也。

注释

①绛侯：汉代大臣周勃，被封为绛侯，曾为汉文帝平定匈奴立下汗马功劳。②武侯：即诸葛亮，被封为武侯。

译文

忠厚诚挚的人，才可将大事托付给他，因此能使汉朝天下安定的，必定是周勃这样的人。唯有谨慎行事的人，才能建立大的功业，因此能使汉室复兴的，必然是孔明这般人。

原文

以汉高祖[1]之英明，知吕后必杀戚姬[2]，而不能救止，盖其祸已成也；以陶朱公[3]之智计，知长男必杀仲子，而不能保全，殆其罪难宥乎？

注释

①汉高祖：刘邦，汉代的开国皇帝。②吕后：汉高祖之妻吕雉，曾在刘邦铲除异姓诸王侯中起了很大作用。戚姬：汉高祖很宠幸的姬妾，刘邦曾想废掉吕后所生的太子刘盈改立戚姬之子为储君，但因受到吕后及朝中大臣的阻挠最终没有成功。③陶朱公：即范蠡，春秋时期越国的政治家，曾为越王勾践出谋划策，协助其灭掉吴国复兴越国，之后定居于陶，自称为“朱公”，故世称“陶朱公”。

译文

像汉高祖那么英明的帝王，明知在他死后吕后会杀死他最心爱的戚夫人，却无法挽救阻止，乃是因为这个祸事已经造成了。而如陶朱公那么足智多谋的人，明知他的长子非但救不了次子，反而会害了次子，却无法保全此事，大概是因为次子的罪本来就让人难以原谅吧！

原文

人之生也直，人苟欲生，必全其直；贫者士之常，士不安贫，乃反其常。进食需箸[1]，而箸亦只悉随其操纵所使，于此可悟用人之方[2]；作书需笔，而笔不能必其字画之工，于此可悟求己之理。

注释

①箸：筷子。②方：方法。

译文

人生来身体便是直的，由此可见，如果人要活得好，一定要向直道而行。贫穷本是读书人该有的现象，读书人不安于贫，便是违背了常理。吃饭需用筷子，筷子完全是随人的操纵来选择食物，由此可以了解用人的方法。写字需用毛笔，但是毛笔并不能使字好看，于此也可以明白凡事必须反求自己的道理。

原文

言不可尽信，必揆①诸理；事未可遽②行，必问诸心③。

注释

①揆：衡量，判断。②遽：立刻，马上。③诸心：自己的心。

译文

言语不可以完全相信，一定要在理性上加以判断、衡量，看看有没有不实之处。遇事不要急着去做，一定要先问过自己的良心，看看有没有违背之处。

原文

东坡①《志林》有云：“人生耐贫贱易，耐富贵难；安勤苦易，安闲散难；忍疼易，忍痒难。能耐富贵，安闲散，忍痒者，必有道之士也。”余谓如此精爽②之论，足以发人深省，正可于朋友聚会时，述之以助清谈。

注释

①东坡：即苏轼，号东坡居士，故又称苏东坡。②精爽：精妙。

译文

苏东坡在《志林》一书中说：“人生要耐得住贫贱是容易的事，然而要耐得住富贵却不容易；在勤苦中生活容易，在闲散里度日却难；要忍住疼痛容易，要忍住发痒却难。假如能把这些难耐难安难忍的富贵、闲散、发痒，都耐得、安得、忍得，这个人必是个已有相当修养的人。”我认为像这么精要爽直的言论，足以让我们深深去体会，正适合在朋友相聚时提出来讨论，增加谈话的内容。

原文

余最爱《草庐日录》有句云："澹如秋水贫中味，和若春风静后功。"读之觉矜平躁释①，意味深长。

注释

①矜：自夸，矜傲。躁：烦躁。

译文

我最喜爱《草庐日录》中的一句话："贫穷的滋味就像秋天的流水一般淡泊，静下来的心情如同春风一样平和。"读后觉得心平气和，句中的话真是含意深远而耐人寻味。

原文

程子①教人以静，朱子②教人以敬，静者心不妄动之谓也，敬者心常惺惺之谓也。又况静能延寿，敬则日强，为学之功在是，养生之道亦在是，静敬之益人大矣哉！学者可不务乎？

注释

①程子：程颢、程颐兄弟二人，世称"二程"，北宋洛阳人，宋代儒学的代表人物，主张教育以德育为重，强调自我修养。②朱子：即朱熹，师承程颐的三传弟子李侗。

译文

程子教人"主静"，朱子教人"持敬"，"静"是心不起妄念妄动，而敬则是常保醒觉状态。由于不妄动，所以能延长寿命，又由于常保醒觉，所以能日有增长，求学问的功夫在此，养生的道理亦在此，"静"和"敬"两者对人的益处实在太大了！学子能不在这两点上下功夫吗？

原文

卜筮以龟筮为重[①]，故必龟从筮从乃可言吉。若二者有一不从，或二者俱不从，则宜其有凶无吉矣。乃《洪范》[②]稽疑之篇，则于龟从筮逆[③]者，仍曰作内吉。从龟筮共达于人者，仍曰用静吉。是知吉凶在人，圣人之垂戒深矣。人诚能作内而不作外，用静而不用作，循分守常，斯[④]亦安往而不吉哉？

注释

①龟筮：龟甲和蓍草。重：主要的工具。②《洪范》：《尚书》中的一篇。③龟从筮逆：赞同龟卜，否认蓍占。④斯：这。

译文

在古代占卜是以龟甲和蓍草为主要的工具，因此一定要龟卜及蓍占皆赞同，一件事才可称得上吉。如果龟和蓍中有一个不赞同，或是两者都不赞同，那么事情便是凶险而无吉兆了。但是《尚书·洪范篇》中用卜筮决断疑事，则将龟卜赞同、蓍占不赞同的情形视为做祭祀冠婚之事吉祥。即使龟甲和蓍草占卜的结果都与人的意愿相违，仍然要说无所为则有利。由此可知，吉凶往往取决于自己，圣人已经教诲得十分明白了。人只要能对内吉外凶的事情在内行之而不在外行之，对于完全与人相违的事守静而不做，安分守己，遵循常道，那么岂不是无往而不利吗？

原文

欲利己，便是害己；肯下人[①]，终能上人[②]。

注释

①下人：屈居人下。②上人：高居人上。

译文

想要对自己有利，往往反而害了自己。能够屈居人下而无怨言，终有一天也能居于人上。

原文

古之克孝[1]者多矣，独称虞舜[2]为大孝，盖能为其难也；古之有才者众矣，独称周公[3]为美才，盖能本于德也。

注释

①克孝：恪守孝道。②虞舜：即舜帝。③周公：即周公旦，周文王之子，周武王之弟，武王死后，周公竭力辅佐幼主。

译文

古来能够尽孝道的人很多，然而独独称虞舜为大孝之人，乃是因为他能在孝道上为人所难为之事。自古以来有才能的人极多，然而单单称赞周公美才，乃是因为周公的才能以道德为根本。

原文

正己为率人之本[1]，守成念创业之艰。

注释

①正己：端正自己。率人：统率他人。

译文

端正自己为带领他人的根本，保守已成的事业要念及当初创立事业的艰难。

原文

李纳[1]性辨急，酷尚[2]弈棋，每下子，安详极于宽缓。有时躁怒，家人辈则密以棋具陈于前，纳睹便欣然改容，取子布算，都忘其恚[3]。

注释

①李纳：唐朝人，曾为检校右仆射、司空、同中书门下平章事，并被封为陇西郡王，酷爱下棋。②酷尚：十分喜爱。③恚：愤怒。

译文

唐代的李纳性情非常急躁，但十分喜欢下棋，下棋时每落一个子，神态都极为安详，动作舒缓。有时急躁想要发怒的时候，家里人就赶快悄悄地把棋放在他面前，李纳看到了棋就会变得高兴起来，脸色也会变得平缓，拿着棋子布局谋划，什么烦恼愤怒都忘记了。

原文

意摹[①]古，先存古，未敢反古；心持[②]世，外厌世，未能离世。

注释

①摹：模仿。②持：维持。

译文

立志要模仿古人，就应先保存古人的特点，不敢反对古人；心中想要保持当世之道，外表却表现出对世间的厌弃，就会无法出世。

原文

苦恼世上，度[①]不尽许多痴迷汉，人对之肠热，我对之心冷；嗜欲[②]场中，唤不醒许多伶俐人，人对之心冷，我对之肠热。

注释

①度：普度，超度。②嗜欲：爱好利欲。

译文

在充满苦恼烦闷的世间，普度不完那么多痴迷于此的人，人们以一副热心肠相待，我却以冷心肠相待；利欲场中，唤不醒那么多怀有小聪明的糊涂人，人们冷血相待，我却以热心肠相待。

原文

自古及今山之胜①，多妙于天成，每②坏于人造。

注释

①胜：美景。②每：往往。

译文

古今的名山胜景，其绝妙之处大多在于天然形成，却往往被人造的景观所破坏。

原文

想到非非想①，茫然天际白云；明至无无明②，浑矣台中明月。

注释

①非非想：佛教术语，指脱离实际的离奇空想。②无无明：佛教术语，指大彻大悟，心中非常澄明。

译文

处于脱离实际、离奇空想的境地，就好像是茫茫宇宙间飘浮不定的白云；达到大彻大悟、心境澄明的境界，就好像是镜中明月，已融为一体。

原文

逃暑①深林，南风逗树；脱帽露顶，沉李浮瓜②；火宅炎宫③，莲花④忽进；较之陶潜卧北窗下，自称羲皇上人，此乐过半矣。

注释

①逃暑：逃避酷暑。②沉李浮瓜：出自魏文帝曹丕《与朝歌令吴质书》：“浮干瓜于清泉，沉朱李于寒水。”③火宅炎宫：佛教往往以此比喻充满烦恼忧愁的尘世。④莲花：佛往往以莲花为坐台，因此其象征着佛境。

译文

躲避酷暑来到深山树林之中，南风撩面，挑逗着树木；取下帽子露出头顶，溪水中漂浮着瓜果；这种感觉就好像是在烦恼的世界中，突然看到佛境一样；比起陶渊明卧在北窗之下，自称为伏羲氏这样的上古哲人，我的乐趣已经超过他了。

原文

既景华而凋彩，亦密照而疏明；若春隰[1]之扬，似秋汉之含星。

注释

①春隰：湿润的春天。

译文

不仅景色太华丽会使色彩黯淡，阳光太密集也会使光线疏朗；就好像温润的春天中飘扬的花朵，又好像秋夜天空中的星星。

精彩点拨

本卷隐士情节比较重，劝人淡泊名利，清净心灵。作者引用了许多著名的典故，对灵进行了精辟的分析和论述。人类之所以被称为万物之灵，就是人类具有独有的语言文化。人类文化最初是通过语言文字而表现的，因此，文字是人类心灵的记录。假若人类没有语言文字，人类文明将无从建立与累积。风雷雨露是天的意志表现，山川民物是大地思想所孕育的，语言文字则是人类智慧的结晶，这些现象的背后，就是心灵的力量在推动并掌控一切。人类在欣赏自然界所赋予的种种美景时，正是人类的灵性和大自然的灵性相互沟通、相互尊重的结果。可以说，万物是一个心灵的宇宙。只要掌握了这把心灵的钥匙，对万物就会做到心领神会。这是本卷的价值和意义所在。

阅读积累

广　陵

春秋时期，今扬州市西北部一带为邗国。公元前486年，吴王夫差在蜀岗上筑邗城，为沟通江淮水系，利于耕作，开凿人工运河邗沟。公元前319年，楚怀王在邗城基础上修筑广陵城。秦始皇统一中国后，设置广陵县。从此广陵名扬天下。

现在的广陵是扬州市下辖的主城区，地处江苏省中部，长江与京杭大运河在此交汇，位于长江三角洲经济圈内。广陵区内的扬州古城占地5.09平方公里，是国内历史风貌保存比较完好的古城之一。

卷五　素

精彩导读

《素》是《小窗幽记》中的第五卷散文。本卷素的含义应是朴素简单，通过不同的人物、不同的事情，对素的生活乐趣和素的人生做了详尽的描述。本卷借用了许多著名的历史人物和典故，如唐代诗人白居易、王维、杜甫，明代文学家、公安派代表人物袁宏道、张源等；如阿衡五就，莘野躬耕，诸葛七擒，南阳抱膝等典故，作者采用比喻、拟人、对比等描写手法，把一个朴素的人生、朴素的理想、朴素的世界呈现在读者面前。

原文

袁石公①云："长安风雪夜，古庙冷铺中，乞儿丐僧，齁齁②如雷吼，而白髭老贵人，拥锦下帷，求一合眼不得。呜呼！松间明月，槛外青山，未尝拒人，而人人自拒者何哉？"集素第五。

注释

①袁石公：即明代文学家袁宏道，公安派的代表人物，号石公。②齁齁：鼻鼾声。

译文

袁宏道曾说："在长安的风雪之夜，古老的寺庙、寒冷的店铺中，乞丐僧人依然能够睡得很香甜，发出很响的鼻鼾声，而富贵之家的白胡子老头，虽然有精美的锦绣棉被，有悬挂的床帏，依然会小睡一会儿都睡不着。天啊，松林间的明月，栅栏外的青山没有拒绝人享受这美景，人为什么要自寻烦恼，将自己拒于这样的美景之外呢？"于是编撰了第五卷《素》。

原文

田园有真乐，不潇洒终为忙人；诵读有真趣，不玩味终为鄙夫①；山水有真赏，不领会终为漫游；吟咏有真得，不解脱终为套语②。

注释

①玩味：把玩欣赏。鄙夫：庸俗粗鄙的人。②套语：俗套的言语。

译文

田园之中有真正的乐趣，倘若不能潇洒地释怀世间之事，终究只能是个庸碌之人。诵读诗书之时有真正的趣味，但是不会把玩欣赏的人，终究只能是个粗鄙之夫；山水中有真正可供欣赏的景致但不能领会，终究只能成为漫游。吟咏之中有真正的收获，不能从世俗烦恼中解脱，终究会落入俗套。

原文

居处寄吾生，但得其地，不在高广；衣服被①吾体，但顺其时，不在纨绮②；饮食充吾腹，但适其可，不在膏粱③；宴乐修吾好，但致其诚，不在浮靡。

注释

①被：遮蔽。②纨绮：华丽高贵。③膏粱：美味佳肴。

译文

居住的处所是我的生命依托之处，只求其舒适惬意，不必在乎屋舍院落是否高广；衣服是遮蔽我的躯体的，只要合乎季节气候就行，不必在乎是否华丽漂亮；饮食是我用来充饥的，只要合适就好，不在乎是否是美味佳肴；宴饮娱乐是为了与我的朋友修好，只要心诚就行，不必在乎是否浮华奢靡。

原文

披卷有余闲，留客坐残良夜月；褰帷①无别务，呼童耕破远山云。

注释

①褰帷：帷帐。

译文

阅读书卷有闲暇的时候就留客人一起在月夜中畅谈；早晨撩开帷帐，没有别的事的话，就呼喊童仆，在远处白云缭绕的山间耕田。

原文

琴觞[1]自对，鹿豕为群；任[2]彼世态之炎凉，从[3]他人情之反复。

注释

①觞：古代喝酒用的酒杯。②任：任凭。③从：即纵，随便，任意。

译文

独自弹琴饮酒，与鹿豕为伍；任凭世间炎凉，随便人情之反复无常，都不加理会。

原文

家居苦事物之扰，唯田舍园亭，别是一番活计；焚香煮茗，把酒吟诗，不许胸中生冰炭[1]。

注释

①冰炭：喻指世态之炎凉。

译文

居住在家中就会苦于世间事物的困扰，只有田舍园亭，生活于其中别有一番滋味；焚烧名香，烹煮清茶，把酒吟诗，心中就不会生出如同冰炭一样的世间炎凉。

原文

客寓多风雨之怀，独禅林道院，转[1]添几种生机；染翰挥毫[2]，翻经问偈，肯教眼底逐风尘。

注释

①转：反而。②染翰挥毫：挥毫泼墨，指写诗作文。

译文

客居于外常常会有被世间风雨所触动的忧思情怀，唯有禅林道院，反而增添了几分生机；挥笔泼墨，翻阅经书，探问偈语，哪里会让眼睛追逐世间的风尘。

原文

余尝[1]净一室，置一几[2]，陈几种快意书，放一本旧法帖；古鼎焚香，素麈[3]挥尘，意思小倦，暂休竹榻。饷时而起，则啜苦茗，信手写汉书几行，随意观古画数幅。心目间，觉洒洒灵空，面上俗尘，当亦扑去[4]三寸。

注释

①尝：曾经。②几：几案，条几。③素麈：白色的麈尾。④扑去：擦去，拂去。

译文

我曾经打扫一间干净的房子，放置一个几案，摆上几本让我心情愉悦的书，再放上一本旧书帖；用古代的鼎焚烧茗香，用素白的麈尾拂去灰尘，稍稍有些疲倦的时候，就暂时躺在竹榻上休息。休息一会儿之后起来，喝点儿略带苦味的茗茶，信手写几行汉隶书法，随意地观赏几幅古画。心中眼前都会感觉到十分的空灵洒脱，脸上的俗世灰尘也好像被拂去了三寸。

原文

莫[1]恋浮名，梦幻泡影有限；且[2]寻乐事，风花雪月无穷。

注释

①莫：不要。②且：暂且。

译文

不要贪恋虚名，它就好像是梦幻泡影，时间有限；暂且寻找一些乐事，风花雪月的美景含有无穷乐趣。

原文

高枕[①]邱中，逃名世外，耕稼以输王税[②]，采樵以奉亲颜[③]；新谷既升，田家大治，肥羜[④]烹以享神，枯鱼燔[⑤]而召友；蓑笠[⑥]在户，桔槔[⑦]空悬，浊酒相命，击缶长歌，野人之乐足矣。

注释

①高枕：指没有忧患、烦恼。②耕稼：耕种稼穑。输：缴纳。③奉亲颜：侍奉亲人。④羜：小羊羔。⑤燔：烤。⑥蓑笠：用草编制的蓑衣、斗篷。⑦桔槔：古时灌溉田地用的一种农具。

译文

在丘壑之中高枕无忧，在尘世之外逃避虚名，耕种稼穑以缴纳国家的税收，打柴以侍奉亲人；新谷成熟入仓的时候，农家就会十分的融洽快乐，用肥嫩的羊羔祭神，用烤制的干鱼片来招待朋友；蓑笠挂在屋里，桔槔空悬着，在农闲之时，痛饮浊酒，击缶长歌，山野之人的乐趣十足。

原文

春初玉树[①]参差，冰花错落，琼台奇望，恍坐玄圃[②]，罗浮[③]若非；黄昏月下，携琴吟赏，杯酒留连，则暗香浮动，疏影横斜之趣[④]，何能有实际。

注释

①玉树：指被积雪覆盖的树木。②玄圃：代指仙人居住的地方，相传位于昆仑山顶，有五所金台，十二座玉楼。③罗浮：山名，位于今广东省，相传此山中有一洞，道家将其列为第七洞天。④暗香浮动，疏影横斜：出自林和靖《山园小梅》，原句为“疏影横斜水清浅，暗香浮动月黄昏”。

译文

初春的时候，被积雪覆盖的树木参差不齐，冰花错落有致，在被白雪装砌的高台上远望，恍惚间就好像坐在仙人谪居的玄圃和罗浮山中一样；黄昏时分明月高照，携带着琴吟诗赏月，美酒连饮，那种暗香浮动、疏影横斜的情趣，怎样才能真的实现呢？

原文

性不堪[1]虚，天渊亦受鸢鱼之扰[2]；心能会境，风尘还结烟霞之娱。

注释

①堪：忍受。②天渊：天空、深渊。鸢鱼：鸢鸟和鱼。

译文

倘若性情不能忍受清虚，即使在蓝天深渊也会受到鸢鸟和鱼的干扰；倘若心能够与境相吻合，即使风中的尘土也有结识烟霞的快乐。

原文

山中有三乐。薜荔[1]可衣，不羡绣裳；蕨薇[2]可食，不贪粱肉；箕踞散发，可以逍遥。

注释

①薜荔：一种灌木，四季常青，可以制成麻。②蕨薇：蕨菜、薇菜。

译文

山中有三种乐趣，薜荔可以做麻衣，不用羡慕别人刺绣的衣裳；蕨菜、薇菜可以吃，不必贪恋粱肉佳肴。肆意地叉开双腿前伸而坐，披散着头发，可以十分逍遥，不受拘束。

原文

终南当户[1]，鸡峰如碧笋左簇，退食时[2]秀色纷纷堕盘，山泉绕窗入厨，孤枕梦回，惊闻雨声也。

注释

①终南：即终南山，位于陕西西安以南。当户：正对着门户。②退食时：返回来吃饭的时候。

译文

门前正对着终南山，鸡峰就像碧绿的竹笋一样在左边簇拥着；回来吃饭的时候就觉得秀美的景色好像纷纷落入我的饭盘中一样，秀色可餐；清澈的山泉从窗下绕过，从厨房边经过，很方便使用；夜晚孤枕从梦中醒来，吃惊地发现窗外传来淅淅沥沥的雨声。

原文

桑林麦陇，高下竞秀；风摇碧浪层层，雨过绿云绕绕。雉雊[1]春阳，鸠呼朝雨，竹篱茅舍，间以红桃白李，燕紫莺黄，寓目色相[2]，自多村家闲逸之想，令人便忘艳俗。

注释

①雉雊：野鸡啼叫。②色相：佛教术语，指事物呈现的外在形式。

译文

桑树林，小麦陇，虽有高下之别，却竞呈清秀之色，暖风吹拂着桑树、麦苗，掀起层层碧浪，雨过之后，远观好像是碧绿的云彩。野鸡在春天温暖的阳光下啼叫，斑鸠在清晨的雨中惊呼，竹篱笆、茅草屋之间点缀着粉红的桃花、雪白的梨花，还配有紫燕黄莺的啼叫声，呈现在眼中的景色，带有很多农家闲适生活的特色，使人忘记了艳俗的城市生活。

原文

溪响松声，清听自远；竹冠兰佩[1]，物色俱闲。

注释

①竹冠兰佩：竹子编就的帽子，兰草制成的佩饰。

译文

小溪的潺潺流水声，松林的飒飒松涛声，环境清静，自然在很远的地方也能够听到；头戴竹子编就的帽子，身带兰草这种佩饰，物品、人的样子都很安闲。

原文

鄙吝①一消，白云亦可赠客；渣滓尽化，明月自来照人。

注释

①鄙吝：鄙俗吝啬。

译文

鄙俗吝啬之心一消，即使是白云也可以赠予客人；杂念一除，明月自然会照映着你。

原文

存心有意无意之间，微云淡河汉①；应世不即不离之法②，疏雨滴梧桐。

注释

①河汉：银河。②应世：处世。即：靠近。

译文

存心于有意无意之间，就好像少许的云彩飘在银河中；处世要遵从保持不近不离的法则，就好像稀疏的雨点打在梧桐叶上。

原文

堂中设木榻四，素屏二，古琴一张，儒道佛书各数卷。乐天①既来为主，仰观山，俯听水，傍睨竹树云石，自辰及酉②，应接不暇。俄而③物诱气和，外适内舒，一宿④体宁，再宿心恬，三宿后，颓然嗒然，不知其然而然。

注释

①乐天：即中唐诗人白居易，字乐天。②自辰及酉：从早晨到晚上。③俄而：一会儿，不久。④一宿：一夜。

译文

厅堂中设有四张木榻，两个白色的屏风，一架古琴，儒释道经书几卷。白乐天成为这里的主人之后，抬头望山，俯首听水，环顾四周领略竹林、白云、幽石这些美景，从早晨到晚上，应接不暇。不久心灵就被美景所感染，心气平和，外在环境闲适，内在心灵舒畅，住上一夜就感觉身体舒适安宁，住两宿则心灵恬静，住上三宿之后，那种感觉无法用语言来表达，达到了物我两忘的境界。

原文

偶坐蒲团，纸窗上月光渐满，树影参差，所见非空非色；此时虽名衲①敲门，山童且②勿报也。

注释

①名衲：有名的僧人。②且：暂且。

译文

偶尔坐在蒲团上打坐，纸窗外逐渐洒满月光，树影映在窗上参差错落，所看到的这些已不是事物本身，也不是虚像，达到了非空非色的佛境；这时即使是名僧敲门，山童暂时也不要禀报。

原文

会心处不必在远；翳然[①]林水，便自有濠濮闲想[②]，不觉鸟兽禽鱼，自来亲人。

注释

①翳然：浓密葱茏的样子。②濠濮闲想：出自《庄子·秋水》。庄子与惠施二人一起在濠梁上游览，两人就鱼是否知乐进行辩论，后常以此喻指逍遥闲适的乐趣。

译文

能够与之交心的地方不必在乎有多远，只要有浓密的树木、碧绿的水，就自然会生发出一种闲适逍遥之感，不知不觉中鸟兽禽鱼自然会前来与人亲近。

原文

馥喷五木之香[①]，色冷冰蚕之锦[②]。

注释

①五木之香：古代香的一种。②冰蚕之锦：据王嘉《拾遗记·员峤山》记载："有冰蚕长七寸，黑色，有角，有鳞。以霜雪覆之，然后作茧，丝为五彩色，织成文锦，入水平濡，经火不燎，置于屋中则一室清凉。"

译文

浓郁的香气喷发，就像五木香的味道一样。颜色冰冷，如同冰蚕之锦给人的感觉一样。

原文

筑凤台[①]以思避，构仙阁而入圆[②]。

注释

①筑凤台：化用“萧史弄玉”的典故。相传萧史擅长吹箫，赢得了秦穆公之女弄玉的青睐，秦穆公为萧史搭建了凤台，后来萧史、弄玉二人结为夫妇，吹箫引来凤凰，二人乘凤鸾以飞仙。②入圆：指升天，古人认为天是圆的。

译文

搭建凤凰台，以招引凤凰，飞天成仙，躲避尘世，建筑仙阁以便成仙。

原文

采茶欲精，藏茶欲燥，烹茶欲洁①。

注释

①“采茶欲精”三句：原文见于明代张源的《茶录》。

译文

采茶的时候越精细越好，储藏茶叶的地方越干燥越好，烹煮茶叶越洁净越好。

原文

檐前绿蕉黄葵，老少叶①，鸡冠花，布满阶砌。移榻对之，或枕石高眠，或捉尘清话。门外车马之尘滚滚，了不相关。

注释

①老少叶：一种植物，又称老少年、雁来红。

译文

屋檐前栽种着绿色的芭蕉树、黄色的向日葵，老少叶，鸡冠花，布满了台阶石砌。移来竹榻与之相对，或者枕着石头睡觉，或者一边拂去灰尘一边清谈。门外车马奔驰荡起滚滚烟尘，都与我一点儿也不相关。

原文

阿衡五就①，那如莘野躬耕②？诸葛七擒③，争似南阳抱膝④？

注释

①阿衡五就：化用商汤五请伊尹的典故。《史记·殷本纪》中记载："伊尹名阿衡……或曰伊尹处士，汤使人聘迎之，五反然后肯往从汤，言素王及九主事，汤举任以国政。"②莘野躬耕：《孟子·万章》中有云："伊尹耕于有莘之野，而乐尧舜之道焉。"③诸葛七擒：化用诸葛亮"七擒孟获"之历史典故。④南阳抱膝：刘备三顾茅庐，请诸葛亮出山之前，诸葛亮一直隐居于南阳，"亮每晨夜从客，常抱膝长啸。"

译文

伊尹被恭请了五次最后出任官职，辅佐贤主安邦治国，但是这怎么能够和隐居山间亲自在有莘之野耕田的乐趣相比呢？诸葛亮七擒孟获，为蜀国鞠躬尽瘁，但是这怎么能和隐居南阳抱膝长啸的闲适生活相比呢？

原文

饭后黑甜①，日中薄醉，别是洞天；茶铛②酒臼，轻案绳床，寻常福地③。

注释

①黑甜：指白天睡觉。②茶铛：煮茶的锅。③福地：神仙仙居之地。

译文

吃完饭后酣睡，白日里喝酒微醉，这种生活别有一番洞天；茶锅酒臼，轻巧的案几、绳床，就是平常的仙居福地。

原文

久坐神疲，焚香仰卧；偶得佳句，即令毛颖君[①]就枕掌记，不则辗转失去。

注释

①毛颖君：指毛笔，韩愈曾采用拟人的手法写下《毛颖传》。

译文

坐的时间长了就会精神疲惫，焚上茗香，仰卧在床；偶然间觅得佳句，随即用毛笔写下，否则辗转睡着之后就忘记了。

原文

和雪嚼梅花，羡道人之铁脚[①]；烧丹染香履，称先生之醉吟。

注释

①铁脚：草名。宋代王洙在《王氏谈录·北虏风物》中曾写道："北荒之珍，有铁脚草，采取阴乾，投之沸汤中，顷之茎叶舒卷如生。"

译文

配着雪咀嚼梅花，非常羡慕道人的铁脚草；燃烧朱砂熏染香履，称赞先生醉酒吟诵的诗。

原文

王思远[①]扫客坐留，不若杜门[②]；孙仲益浮白俗谈[③]，足当洗耳。

注释

①王思远：南齐时期临沂人，据《南齐书·王思远传》记载："思远清修，立身简

洁。衣服床筵，穷治素净。宾客来通，辄使人先密觇视，衣服垢秽，方便不前，形仪新楚，乃与促膝。虽然，既去之后，犹令二人交帚拂其坐处。”②杜门：闭门。③孙仲益：即宋代孙觌，常州晋陵人，号鸿庆居士，擅长作诗。浮白：喝酒。

译文

王思远在客人走后打扫清洁客人坐过的地方，还不如闭门不接待宾客呢；孙仲益嗜好喝酒、谈吐粗俗，听过之后实在应该洗一下耳。

原文

铁笛吹残，长啸数声，空山答响[①]；胡麻饭罢，高眠一觉，茂树屯阴。

注释

①空山答响：指空谷发出的回声。

译文

铁笛吹过，对天长啸几声，空山传来回声；吃完胡麻饭，美美地睡上一觉，繁茂的树木留下一片树荫。

原文

皂囊白简[①]，被人描尽半生；黄帽青鞋[②]，任我逍遥一世。

注释

①皂囊白简：代指密奏。皂囊，汉代大臣们上奏机密之事，都会装在皂囊之中。白简，晋代傅玄为御史中丞之时，每当有弹劾的奏章的时候都会手捧白简等待早朝。②黄帽青鞋：代指平民生活。

译文

官场中常常会被别人的密奏参劾，半生心血也付之东流；头戴黄帽，脚穿青鞋的平民生活，可以让我纵情逍遥一生。

原文

待客当洁不当侈，无论不能继[①]，亦非所以惜福[②]。

注释

①继：继续，维持。②惜福：珍惜福分。

译文

招待客人应该讲求清洁，不需要奢侈，不管生活能够维持多久，奢侈也不是珍惜福气的表现。

原文

葆真[①]莫如少思，寡过[②]莫如省事；善应[③]莫如收心，解谬莫如澹志。

注释

①葆真：永葆天真。②寡过：少犯错误。③善应：善于应对。

译文

想要永葆天真的本性，没有什么比少思考更好的办法了，要想少犯错误，没有什么比反省事情更好的办法了；想要善于应对世事，没有什么比收摄杂念更好的办法了，想要解除烦恼，没有什么比淡泊明志更好的办法了。

原文

盘餐一菜，永绝腥膻，饭僧宴客，何烦六甲行厨[①]？茆屋三楹[②]，仅蔽风雨，扫地焚香，安用数童缚帚？

注 释

①六甲行厨：动用烟火做饭。六甲，即六丁，道教中的火神。②茆屋：即茅屋。三楹：三间。

译 文

只有一盘菜，永远没有荤腥，招待僧人、宾客，何须动用烟火做饭？只有三间茅屋，仅能遮蔽风雨，扫地焚香，做这些事哪里用得着请几个仆童呢？

原 文

流年不复记，但①见花开为春，花落为秋；终岁②无所营，惟知日出而作，日入而息。

注 释

①但：只。②终岁：整年。

译 文

隐居于山中已经记不清时间的流逝，只知道花开之时为春天，花落之时为秋天，整年也没什么营生，只知道日出而作，日落而息。

原 文

脱巾露项，斑文竹箨之冠①；倚枕焚香，半臂华山之服②。

注 释

①斑文：条文。竹箨之冠：竹皮做成的帽子。汉高祖刘邦早年贫贱之时曾以竹箨做帽子，后来显贵了也时常会戴着竹皮帽子。②华山之服：道人或者仙人的衣服。华山的道教十分兴盛，因有此称。

译文

去掉头巾，露出脖子，满头青丝，好像是带有条文的竹皮做成的帽子；靠着枕头焚烧着茗香，闭目养神，感觉好像自己身上穿着道人的衣服。

原文

谷雨前后，为和凝汤社①，双井白茅，湖州紫笋②，扫臼涤铛，征泉选火。以王濛③为品司，卢仝④为执权，李赞皇⑤为博士，陆鸿渐⑥为都统。聊消渴吻，敢讳水淫，差取婴汤⑦，以供茗战。

注释

①和凝汤社：和凝，五代时期人，曾为太子太傅、左仆射，还主管科举考试。《清异录》中记载："和凝在朝，率同列递日以茶相饮，味劣者有罚，号为汤社。"②双井白茅，湖州紫笋：这两种都是名茶，分别产于江西双井、浙江湖州。③王濛：东晋时期人，十分爱饮茶，对茶道十分精通。④卢仝：唐代诗人，号玉川子，有诗作《茶歌》（又名《走笔谢孟谏议寄新茶》）传世。⑤李赞皇：即李德裕，唐代赵州赞皇人，故称李赞皇，擅长品茶鉴水。⑥陆鸿渐：即陆羽，唐代竟陵人，嗜好品茶，被后世称为"茶圣""茶仙"，曾著有《茶经》。⑦婴汤：茶水刚刚煮沸时的嫩汤。

译文

谷雨前后正是刚刚采摘新茶的时候，像和凝一样举行茶会，品评双井白芽、湖州紫笋这样的茶中极品，打扫干净杵臼，洗涤好茶铛，汲取好的泉水，掌握好火候。以王濛为品司，卢仝为执权，李赞皇为博士，陆鸿渐为都统。暂且以茶解渴，避讳不谈水厄，取出茶水初沸时的嫩汤，以供斗茶。

原文

亵狎易契①，日流于放荡；庄厉②难亲，日进于规矩。

注释

①契：接近，契合。②庄厉：庄重严厉。

译文

轻慢猥亵的人容易接近，交往时间长了自己也会变得放肆；庄重严厉不容易亲近，交往的日子长了就会越来越守规矩。

原文

吾之一身，常有少不同壮，壮不同老；吾之身后，焉有子能肖父①，孙能肖祖？如此期②，必属妄想，所可尽者，惟留好样与儿孙而已。

注释

①焉：哪里。肖：像。②期：期望。

译文

我这一生中，常常会出现少年与壮年不同，壮年与老年不同的事；在我身后，又哪里有孩子像父亲，孙子像祖父的？如果一定要期望这些，那必定是属于妄想，我们可以尽力去做的，只是给儿孙们留个好榜样罢了。

原文

宇宙以来有治世法，有傲世法，有维世法，有出世法，有垂世法。唐虞①垂衣，商周秉钺②，是谓治世；巢父洗耳③，裘公瞋目④，是谓傲世；首阳轻周⑤，桐江重汉⑥，是谓维世；青牛度关⑦，白鹤翔云⑧，是谓出世；若乃鲁儒一人⑨，邹传七篇⑩，始谓垂世。

注释

①唐虞：尧帝、舜帝。②秉钺：象征权力的礼乐重器，代指以礼乐治国。③巢父洗耳：相传其为上古时期的著名隐士，尧帝想要让位给他，他听闻之后，感觉蒙受了污

辱，就跑到河边洗耳。④裘公瞋目：裘公，又称披裘公，为春秋时期的高义之士，《高士传·披裘公》记载："披裘公者，吴人也。延陵季子出游，见道中有遗金，顾披裘公曰：'取彼金。'公投镰瞋目，拂手而言曰：'何子处之高而视人之卑！五月披裘而负薪，岂取金者哉！'"⑤首阳轻周：伯夷、叔齐原为商代孤竹国君之子，后商被周所灭，伯夷、叔齐以身为周朝的人民为耻，拒绝吃周朝的粮食，二人就隐居于首阳山，最后饿死于首阳山。⑥桐江重汉：东汉时期，严光曾经和光武帝刘秀一起游学，后来隐居于桐江，光武帝十分欣赏其才能，称帝之后曾多次下诏请其为官，严光拒不接受。⑦青牛度关：指老子骑青牛西游出关之典故。⑧白鹤翔云：指"丁令威化鹤"之典故，相传汉代辽东人丁令威曾经在灵墟山学道，后来化为仙鹤回到辽东，落在城门的华表之上。有少年看到了，就要用弓箭射他，丁令威飞到空中感叹道："有鸟有鸟丁令威，去家千岁今来归。城郭如故人民非，何不学仙冢累累。"⑨鲁儒一人：即孔子，鲁国人。⑩邹传七篇：指孟子及其著作《孟子》七篇。孟子，战国时期邹国人。

译文

人世间自古就有治世之法，有傲然处世之法，有维系俗世之法，有出世之法，有垂于后世之法。唐尧、虞舜以道德垂世，商朝和周朝以礼乐治理国家，这是治世；巢父洗耳，裘公怒视延陵季子，这是傲世；隐居首阳山的伯夷、叔齐轻视周朝，隐居在桐江的严光拒不受官，这是维世；老子骑青牛西游出关，丁令威化为仙鹤飞翔于云间，这是出世；而像鲁国的巨儒孔子，写下七篇传世之作的孟子，这是垂世。

原文

书室中修行法：心闲手懒，则观法帖，以[1]其可逐字放置也；手闲心懒，则治迂事[2]，以其可作可止也；心手俱闲，则写字作诗文，以其可以兼济也；心手俱懒，则坐睡，以其不强役于神也；心不甚定，宜看诗及杂短故事，以其易于见意不滞于久也；心闲无事，宜看长篇文字，或经注，或史传，或古人文集，此又甚宜于风雨之际及寒夜也。又曰："手冗心闲则思，心冗手闲则卧，心手俱闲，则著作书字，心手俱冗，则思早毕其事，以宁吾神。"

注释

①以：因为。②治迂事：做舒缓的事。

译文

书房中修养性情的方法：心闲手懒之时，就观察书帖，因为它是逐字放置的；手闲心懒之时，就做一些舒缓的事，因为它可以做也可以停；心手都闲的时候，就写诗作文，因为它可以心、手并用；心手都懒的时候，就坐着睡觉，因为这样可以不强制压迫精神；心不是很安定的时候，适合看诗歌以及短篇故事，因为它们容易了解而不至于滞留太久；心闲着没事的时候，适合看看长篇的书籍，或者是经书作注，或者是史传，或者是古人的文集，这又特别适合在风雨天或寒夜。也有人说："手忙心闲就思考，心忙手闲就躺下休息，心手都闲就著书写字，心手都忙就思考怎样早些结束此事，以使我的心神安宁。"

原文

一室经行①，贤于九衢奔走；六时②礼佛，清于五夜③朝天。

注释

①经行：佛教术语，指信徒们为了排遣心中的郁结，在某一处徘徊。②六时：佛教将一天二十四小时划分为六个时辰，白天分为晨朝、日中、日没，晚上划分为初夜、中夜、后夜。③五夜：古时一夜分为五更，故为一整夜。

译文

在一室内来回走，胜过在大道上奔走；昼夜都在礼佛，胜过整夜朝拜上天。

原文

会意不求多，数幅晴光摩诘①画；知心能有几，百篇野趣少陵②诗。

注释

①摩诘：即唐代王维，擅长行诗作画。②少陵：即杜甫，号杜陵野老，故又称杜少陵。

译文

能够使人会意的东西不求多，几幅晴朗明媚的王维山水画就够了；知心朋友能有几个，百篇富含野趣的杜甫诗就行了。

原文

衡门[1]之下，有琴有书，载弹载咏，爰得我娱；岂无他好，乐是幽居。朝为灌园，夕偃蓬庐。

注释

①衡门：简陋的小屋。

译文

简陋的小屋下，有琴有书，一边弹奏一边歌唱，于是得到我的乐趣；难道没有别的爱好吗，乐趣是幽居，早上浇灌花园，晚上躺在草庐之中。

原文

因[1]葺旧庐，疏渠引泉，周以花木，日哦[2]其间；故人过逢，瀹茗[3]弈棋，杯酒淋浪，其乐殆非尘中物也。

注释

①因：于是。②哦：吟咏。③瀹茗：煮茶。

译文

于是修葺旧庐，疏导水渠，引来泉水，周围种上花木，整日在其中吟咏；有故人从此经过，煮茶下棋，喝酒清谈，这种乐趣在俗世中是得不到的。

原文

茅屋三间，木榻一枕，烧高香，啜苦茗，读数行书，懒倦便高卧松梧之下，或科头[1]行吟。日常以苦茗代肉食，以松石代珍奇，以琴书代益友，以著述代功业，此亦乐事。

注释

①科头：指只扎着头发却不戴帽子。

译文

三间茅草屋，一个木榻，焚烧上高香，喝点儿香茶，读上几行书，慵懒疲倦了就高卧在松树、梧桐树之下，或者取下帽子，一边踱步一边吟诗。常中以苦茗代替肉食，以松石代替奇珠异宝，以琴书代替好友，以著书立说代替功业，这正是人生之乐事。

原文

步障[①]锦千层，氍毹[②]紫万叠，何似编叶成帷，聚茵为褥？绿阴流影清入神，香气氤氲彻入骨，坐来天地一时宽，闲放风流晓清福。

注释

①步障：用于遮蔽风尘的屏障。②氍毹：毛或毛线等织成的地毯。

译文

千层锦绣织成的屏障，万叠紫色毛线织成的地毯，怎么能与绿叶编制成的帷帐、绿茵铺成的床褥相比呢？绿树成荫，斑斑流影，清凉之感沁人心脾，香气弥漫，烟雾弥漫，透彻入骨，坐在这里天地一时之间更为宽广，闲适放纵地徜徉其中，才知道可以享受清净之福。

原文

郊中野坐，固可班[①]荆；径里闲谈，最宜拂石。侵云烟而独冷，移开清啸胡床，藉[②]草木以成幽，撤去庄严莲界。况乃枕琴夜奏，逸韵更扬；置局[③]午敲，清声甚远；洵幽栖之胜事，野客之虚位也。

注释

①班：铺。②藉：即借。③置局：设置棋局。

译文

在郊外山野闲坐，本可以坐在铺好的荆条上的；在小径中闲谈，最适合用脚拂动幽石。云烟侵入身体而感到有些凉，就移开胡床清啸几声，借助草木而形成幽趣，就可以撤去庄严的佛境。况且还可以枕琴夜奏，飘逸的琴声更显悠扬；设置棋局下棋，棋子的声音就像是中午的敲击声，声音清脆，传得更远；这的确是幽居的乐事，山林野客的虚静趣味。

原文

家鸳鸯湖滨，饶兼葭凫鹭，水月澹荡之观。客啸渔歌，风帆烟艇[①]，虚无出没，半落几上，呼野衲而泛斜阳，无过此矣！

注释

①风帆烟艇：风吹动船帆，水烟笼罩小舟。

译文

居住在鸳鸯湖之滨，蒹葭、凫鸟、鹭鸟都很丰饶，月色洒在水面上，微波荡漾，景观十分优美。客人长啸，渔歌互答，风吹动船帆，水烟笼罩小舟，虚虚实实，缥缈迷茫，差点儿落在案几上，于是呼唤野居的名僧一起泛舟于斜阳之中，没有什么比这更为美妙的了。

原文

月夜焚香，古桐[①]三弄，便觉万虑都忘，妄想尽绝。试看香是何味，烟是何色，穿窗之白是何影，指下之余是何音，恬然乐之而悠然忘之者，是何趣，不可思量处，是何境。

注释

①古桐：古代的琴往往是桐木做成的，故称古琴为古桐。

译文

在月明之夜焚上茗香，弹奏几首琴曲，就会觉得一切的忧愁都忘记了，一切妄想都没有了。试着体味一下香是什么味道，烟是什么颜色，穿过窗户照进来的白色是什么的影子，手指下的余音是什么音，恬静喜悦而又悠然忘记的是什么乐趣，不能思量的地方是什么境界。

原文

贝叶之歌①无碍，莲花之心②不染。

注释

①贝叶之歌：古印度往往将经文写在贝叶上，而佛教又是从印度传来的，因此以其指佛教经文。②莲花之心：本指莲花的胚芽，在此以莲花象征佛境。

译文

写在贝叶上的佛教经文流畅无碍，有如莲花之心的佛境不受任何污染。

原文

只愁名字有人知，涧边幽草；若问清盟谁可托，沙上闲鸥。山童率草木之性，与鹤同眠；奚奴领歌咏之情，检韵①而至。闭户读书，绝胜入山修道；逢人说法②，全输③兀坐扪心。

注释

①检韵：和着韵律。②说法：讲经论法。③输：比不上。

译文

只担心自己的名字有人知道，其实只有涧边的小草知道；倘若问清雅之盟可以托付给谁，那就是沙滩上的闲鸥。山童都习得草木的性情，与仙鹤一起睡觉；奴仆领会歌咏之情，踩着韵律走来。关闭门户在家读书，绝对胜过入山修道；碰到人便对人讲经说法，根本比不上独坐静修，扪心自省。

原文

砚田登大有①，虽千仓珠粟，不输两税②之征；文锦运机杼③，纵万轴龙文④，不犯九重之禁⑤。

注释

①砚田：砚台笔墨这块田地，指写诗作文。大有：丰收。②两税：田赋、丁税。③机杼：本为织布的工具，在此指行诗作文的匠心。④龙文：即龙纹，喻指华丽的辞藻。⑤九重之禁：朝廷的禁令。古代皇帝自命为真龙天子，禁止他人衣饰上绣有龙的花纹。

译文

在砚台笔墨这块田地里耕耘大有所获，虽然拥有千仓的珠宝、米粟，却不用缴纳田赋、丁税；锦绣般的文章在匠心这个机杼上织纺，纵使有上万轴的带有龙纹的锦绣布匹，也不触犯朝廷的禁令。

原文

步明月于天衢①，览锦云于江阁。

注释

①天衢：天上的街道，在此因山高耸入云，故以此喻指山上的小道。

译文

迎着明月在高山的小路上行走，在江上楼阁遍览锦绣般的云彩。

原文

热汤如沸，茶不胜酒；幽韵如云，酒不胜茶。茶类隐[1]，酒类侠[2]。酒固道广，茶亦德素。

注释

①隐：隐士。②侠：侠客。

译文

热汤如同沸水，所以茶比不上酒；幽静之韵如同白云，所以酒比不上茶。茶像隐士，而酒像侠客。酒的功效固然很大，但茶的德性也很素雅淡薄。

原文

老去自觉万缘都尽，那管人是人非；春来倘[1]有一事关心，只在花开花谢。

注释

①倘：倘若。

译文

老年的时候自然会觉得万种尘缘都了断了，哪还管什么人世间的是是非非；春天来了，如果还有一事要关心的话，那就是只在乎花开花谢。

原文

午睡欲来，颓然自废，身世庶几浑忘[1]；晚炊既收，寂然无营，烟火听其更举。

注释

①庶几浑忘：差点儿全忘了。

译文

中午睡意袭来，精神萎靡不振，就连自己的身世也差不多要忘了；晚上炊烟熄灭吃过饭之后，寂寞无事可做，就再起炊烟煮茶清谈。

原文

花开花落春不管，拂意事①休对人言；水暖水寒鱼自知，会心处还期独赏。

注释

①拂意事：扫兴的事。

译文

花开花落，春天不理会这些，扫兴的事，不要对别人说；水暖水寒，鱼儿自然知道，心领神会之处还需要自己独自欣赏。

原文

心地上无风涛①，随在皆青山绿水；性天中有化育②，触处见鱼跃鸢飞。

注释

①风涛：喻指心中的愤恨之情。②化育：万物勃勃生长。

译文

倘若内心安宁没有愤恨之情，那么所到之处都是青山绿水；倘若性情中天生就有长育万物之念，那么所接触到的所有景象中都会有鱼跃鸢飞。

原文

宠辱不惊，闲看庭前花开花落；去留无意，漫随天外云卷云舒。斗室中万虑都捐，说甚画栋飞云，珠帘卷雨①；三杯后一真自得，谁知素弦横月，短笛吟风。

注释

①画栋飞云，珠帘卷雨：语出唐代王勃《滕王阁序》："画栋朝飞南浦云，珠帘暮卷西山雨。"

译文

无论宠辱都不会惊慌，闲适地观看庭院前的花开花落；无论去留都不会在意，任意地随着天空的白云舒卷自如。居于斗室之中，什么杂念都没有了，还用说什么画栋飞云，珠帘卷雨；三杯酒之后一切都纯真自得，还有谁知道素弦横月，短笛吟风。

原文

会①得个中趣，五湖之烟月尽入寸衷②；破得眼前机，千古之英雄都归掌握。

注释

①会：领会。②入寸衷：进入心中。

译文

如果可以领会其中的乐趣，那么五湖的烟雾明月都可以进到心中；如果能够看破眼前的玄机，自古以来的所有英雄豪杰都可以在你的掌握之中。

原文

残醺①供白醉，傲他附热之蛾；一枕余黑甜②，输却分香之蝶。闲为水竹云山主，静得风花雪月权。

注释

①残醺：落日的余光。②黑甜：白天睡觉。

译文

面对落日的余光之美景饮酒至醉，傲视那些见到光和热就攀附的飞蛾；白天躺在枕上酣睡，不理会那些分取花香的蝴蝶。安闲的时候就做山水竹云的主人，静谧之时就独揽风花雪月的观赏之权。

原文

何地非真境？何物非真机？芳园半亩，便是旧金谷[①]；流水一湾，便是小桃源[②]。林中野鸟数声，便是一部清鼓吹；溪上闲云几片，便是一幅真画图。

注释

①金谷：即晋代石崇所建的金谷园，位于洛阳西北方向，极为华丽奢靡。②桃源：东晋陶渊明笔下的桃花源。

译文

什么地方不是真正的境界？什么东西不是真正富有玄机？半亩芬芳的花园，就是古时的金谷园；一弯幽幽的流水，就是缩小的桃花源。园林中几声野鸟啼鸣之声，便是一部清美的鼓吹之曲；溪流上的几片闲云，就是一幅真正的图画。

原文

竹影入帘，蕉阴荫槛，故蒲团一卧，不知身在冰壶鲛室[①]。

注释

①冰壶：盛放着冰的玉壶。鲛室：晋代张华《博物志》中记载：“南海水有鲛人，水居如鱼，不废织绩，其眼能泣珠。”比喻极为清冷之室。

译文

窗外的青竹之影映入帘内，芭蕉树的阴影遮蔽了门槛，此时在蒲团上打坐，内心如同处在冰壶鲛室中一样清醒透彻。

原文

明窗之下，罗列图史琴尊[①]以自娱。有兴则泛小舟，吟啸览古于江山之间。渚茶野酿，足以消忧；莼鲈稻蟹[②]，足以适口。又多高僧隐士，佛庙绝胜。家有园林，珍花奇石，曲沼高台，鱼鸟流连，不觉日暮。

注释

①尊：即樽，酒樽。②莼鲈稻蟹：莼菜、鲈鱼、稻米、螃蟹。

译文

明净的窗户下，罗列着图画、史书、琴瑟、酒杯，用以自娱。有兴致的时候就泛舟于湖上，在江山之间低吟长啸，遍览古之景胜。水渚的茶、山野的酒，足以消除忧愁；莼菜、鲈鱼、稻米、螃蟹，这些足够我享用了。又有很多的得道高僧与隐士，佛寺道观等绝妙景胜。家中有花园树林，珍奇的花草、幽石，弯弯曲曲的水泽池沼，鱼和鸟都终日留恋不舍，不知不觉间夜晚就降临了。

原文

山中莳花种草，足以自娱，而地朴人荒，泉石都无，丝竹绝响，奇士雅客亦不复过，未免寂寞度日。然泉石以水竹代，丝竹以莺舌蛙吹代，奇士雅客以蠹简[①]代，亦略相当。

注释

①蠹简：被蠹虫毁坏的书简。

译文

在山中栽种花草，足以自娱自乐，而土地贫瘠，人烟荒芜，山泉幽石都没有，没有丝竹之乐，就连奇士雅客也不会从此经过，难免要在寂寞中度日。然而泉石可以用竹林取代，丝竹之声可以用莺啼蛙噪代替，奇士雅客可以用被蠹虫毁坏的古代典籍取代，这也大致相当吧。

原文

虚堂留烛，抄书尚存老眼；有客到门，挥麈①但说青山。

注释

①麈：麈尘，常用于拂扫灰尘。

译文

虚静的厅堂内还有残留的蜡烛，灯下抄书，尚且还存有一双老眼；有客人临门，挥动麈尾，只说青山美景。

原文

帝子之望巫阳①，远山过雨；王孙之别南浦，芳草连天。

注释

①帝子之望巫阳：化用宋玉《高唐赋》中楚怀王与巫山神女相会之典故。

译文

楚怀王遥望巫山之阳，望见远处的山飘过的雨；王孙公子在南浦送别，看到芳草连天，一片美景。

原文

室距桃源，晨夕恒滋兰茝[1]；门开杜径[2]，往来惟有羊裘[3]。

注释

①茝：一种散发着清香的草。②杜径：唐代杜甫《客至》诗云："花径不曾缘客扫，蓬门今始为君开。"③羊裘：古代著名的隐士羊裘公，代指隐士。

译文

居住之室临近桃源，无论早晨还是夜晚都能沉浸在兰花、茝草的香气之中；开门正对着杜甫的花径，交往的只有像羊裘这样的隐士。

原文

枕长林而披史[1]，松子为餐；入丰草以投闲，蒲根可服。

注释

①披史：批阅史书。

译文

隐居在长林之中，批阅历代史书，可以以松子为餐；来到丰茂的草丛中，将闲暇投之于其中，有蒲根可以服用。

精彩点拨

本卷主要从三个方面对素进行了描述，一是田园般的山居生活，犹如神仙般之快乐，这表达的是一个社会富有阶层和文人学士的隐逸生活。二是悠闲的穷困生活之乐，这是表达一个社会下层和穷人自寻开心的隐逸生活。三是看破红尘避开世事独享清净生活之乐，这是表达一个佛道阶层躲避社会现实的隐逸生活。本卷借用了许多著名的历史人物和典故，把素描写得活灵活现，妙趣横生，具有现实意义和教育意义。

阅读积累

《茶录》

《茶录》，是北宋蔡襄（1012—1067）创作于皇佑年间（1049—1053）的一部茶学论著，是宋代重要的茶学专著，是继陆羽《茶经》之后最具代表性的论茶专著，对后世产生了很大影响。蔡襄有感于陆羽的《茶经》“不第建安之品”而特地向皇帝推荐北苑贡茶，由此写作《茶录》。

《茶录》全书分为两篇。上篇论茶，下篇论器。蔡襄凭借丰富的经验和独特的见解，加以他优秀的书法作品贯穿其中，使这一著作更具丰厚的价值，堪称“稀世奇珍，永垂不朽”。据说，当时论茶者，没人敢在蔡襄面前发言，恐怕出丑难看，自讨没趣。宋代建茶能名垂天下，与蔡襄的提倡和推荐是分不开的。《茶录》不仅上进给皇帝鉴赏，还勒石以传后世。

《茶录》上篇十目，主要论述茶汤的品质和烹饮方法，分为色、香、味、藏茶、炙茶、碾茶、罗茶、侯汤、熁盏、点茶；下篇九目，主要论述茶器，分为茶焙、茶笼、砧椎、茶钤、茶碾、茶罗、茶盏、茶匙、汤瓶。当时，《茶录》刻印后不但对福建茶叶的发展起到了很大的促进作用，而且对日本的艺术“茶道”和世界茶叶的发展产生了极大的影响。17世纪初，中国茶叶输入欧洲及其他地区，成为世界三大饮料之一，且风靡世界。

卷六　景

精彩导读

《景》是《小窗幽记》中的第六卷散文。主要从三个方面描写了壮丽的山川风貌，田园风景，鸟语花香，一是描写了山川自然风景，二是人间生活特写风景，三是欣赏娱乐营造意境。本卷作者张开想象的翅膀，极尽夸张、比拟之能事，写景虚实结合，具有美的画面感、景色的层次感、人物的动态感、感情的色彩感，读来令人心旷神怡，精神愉悦，有益于身心健康。

原文

结庐松竹之间，闲云封户；徙倚①青林之下，花瓣沾衣。芳草盈阶，茶烟几缕；春光满眼，黄鸟一声。此时可以诗，可以画，而正恐诗不尽言，画不尽意。而高人韵士，能以片言数语尽之者，则谓之诗可，谓之画可，谓高人韵士之诗画亦无不可。集景第六。

注释

①徙倚：徘徊。

译文

在松竹间搭建茅庐，闲云飘在门外；徘徊在苍翠的树林下，花瓣沾上衣衫。芳草爬满台阶，几缕煮茶的青烟；放眼望去一片春光，侧耳聆听，黄鸟一声鸣叫。这个时候可以作诗，也可以画画，只担心诗不能将心中之言完全表达，画不能将胸中之意描绘淋漓。而怀有高雅情韵的隐士，以只言片语就能完全表达心意，称之为诗也可以，称之为画也可以，称为高人韵士的诗画也没有什么不可以。因此编撰了第六卷《景》。

原文

花关[①]曲折，云来不认湾头；草径幽深，落叶但敲门扇。

注释

①关：关山。

译文

鲜花布满了弯弯曲曲的关山，白云飘来却辨认不了哪里是其停泊的港湾；萋萋芳草遮掩了幽深的小径，落叶也要问路，不断地敲打柴门。

原文

细草微风，两岸晚山迎短棹[①]；垂杨残月，一江春水送行舟。

注释

①短棹：本指船桨，代指船只。

译文

纤细的青草，和煦的微风，晚上两岸的青山都在迎接小船；河岸边垂柳白杨，晓风残月，一江春水送别远行的小船。

原文

草色伴河桥，锦缆晓牵三竺雨[①]；花阴连野寺，布帆晴挂六桥[②]烟。

注释

①晓：早晨。三竺：杭州的天竺山上有三座寺庙，分别为上天竺、中天竺、下天竺。②六桥：宋代苏轼在杭州为官时建造的映波、锁澜、望山、压堤、东浦、跨虹六座桥。

译文

碧绿的草色与河上的小桥相伴，锦绣的缆绳在拂晓时分牵动了天竺山的细雨；花荫连着山野中的寺庙，布帆在晴日里挂着六桥的云烟。

原文

清晨林鸟争鸣，唤醒一枕春梦。独黄鹂百舌①，抑扬高下，最可人意。

注释

①百舌：鸟名，其叫声反反复复，如同百鸟的鸣叫声，因此称为“百舌”。

译文

清晨林中百鸟争鸣，唤醒了我的一枕春梦；唯有黄鹂、百舌，鸣声抑扬顿挫、高低起伏，最合人的心意。

原文

长松怪石，去墟落不下一二十里。鸟径[①]缘崖，涉水于草莽间数四。左右两三家相望，鸡犬之声相闻。竹篱草舍，燕处其间，兰菊艺之，霜月春风，日有余思。临水时种桃梅，儿童婢仆皆布衣短褐，以给薪水[②]，酿村酒而饮之。案有诗书，庄周、太玄、楚辞、黄庭、阴符、楞严、圆觉，数十卷而已。杖藜蹑屐[③]，往来穷谷大川，听流水，看激湍，鉴澄潭，步危桥，坐茂树，探幽壑，升高峰，不亦乐乎！

注释

①鸟径：鸟走的山道，形容十分狭窄的小道。②薪水：打柴、汲水。③杖藜蹑屐：拄着杖藜，穿着木屐。

译文

青松怪石，距离村落不少于一二十里。狭窄的小径沿着山崖，涉过溪流在草莽之间蜿蜒前行。小径左右只有两三户人家遥遥相望，彼此可以听到鸡犬鸣叫之声。竹篱笆，茅草屋，燕子居住在其间，兰花、秋菊种植于其中，秋月春风，每日都有余兴。在临近水的地方种上桃树、梅树，儿童、婢仆都穿着布衣、短衫，以便打柴汲水，自己酿酒而饮。几案上摆着诗书，有《庄子》《太玄》《楚辞》《黄庭经》《阴符经》《楞严经》《圆觉经》等数十卷。拄着拐杖、穿着木屐，往来于深谷大川之中，倾听流水，观览湍急的激流，在澄澈的清潭前照镜子，从危桥上走过，坐在繁茂的树下，探访幽静的山壑，攀登高峰，这不是很快乐的事情吗？

原文

天气晴朗，步出南郊野寺，沽酒饮之。半醉半醒，携僧上雨花台[①]，看长江一线，风帆摇曳，钟山[②]紫气，掩映黄屋[③]，景趣满前，应接不暇。

注释

①雨花台：相传梁武帝时期，有位法师在此谈经说法，天空中花落如雨，故称“雨花台”，位于今南京市以南。②钟山：即紫金山。③黄屋：宫殿。

译文

天气晴朗，步行走出南郊外野寺，买来好酒畅饮。半醉半醒的时候，与名僧一起登上雨花台，放眼望去，长江水如同一条丝带，风帆摇曳，紫金山上一团紫气，掩映在宫殿上，眼前全是美景、幽趣，让人应接不暇。

原文

凡静室，须前栽碧梧，后种翠竹，前檐放步①，北用暗窗，春冬闭之，以避风雨，夏秋可开，以通凉爽。然碧梧之趣，春冬落叶，以舒负暄融和之乐，夏秋交荫，以蔽炎烁蒸烈之气，四时得宜，莫此为胜。

注释

①前檐放步：前面的屋檐宽阔些，在屋檐下可以闲庭信步。

译文

凡是幽静之室，就应该在房前栽上碧绿的梧桐，屋后种上苍翠的竹子，屋室的前檐要宽一些，北面设成暗窗，春天、冬天的时候关闭北窗，以避开风雨，夏天、秋天的时候就打开，以通风凉爽。然而栽种碧绿的梧桐的意趣在于，春冬时节树叶都掉落了，可以背对着太阳取暖，享受暖洋洋之乐。夏秋时节交织成荫，以遮蔽烈日蒸晒的炎热之气，四季各有所宜，没有什么比这更好的了。

原文

良辰美景，春暖秋凉。负杖蹑履，逍遥自乐。临池观鱼，披林听鸟；酌酒一杯，弹琴一曲；求数刻之乐，庶几①居常以待终。筑室数楹，编槿②为篱，结茅为亭。以三亩荫竹树栽花果，二亩种蔬菜，四壁清旷，空诸所有，蓄山童灌园薙草，置二三胡床着亭下，挟书剑以伴孤寂，携琴弈以迟良友，此亦可以娱老。

注释

①庶几：差不多。②槿：木槿树。

译文

良辰美景，或在暖暖的春日，或在凉爽的秋天，拄着竹杖，穿着木屐，十分逍遥自乐。靠近池边观鱼跃，来到林中听鸟鸣；喝上一杯酒，弹上一首琴曲，既可以求得片刻的欢乐，基本上也可以以此安享晚年。建筑几间居室，用木槿编成篱笆，用茅草搭成亭子。用三亩竹林余荫处栽种花果，两亩地种上蔬菜，家中四壁空旷，没有什么储存，养山童灌溉园圃拔草，置办两三个胡床放在亭子下，带着书剑以伴我打发孤寂，携带着琴棋等待好友，这也可以自我娱乐至老。

原文

一径阴开，势隐蛇蟺①之致，云到成迷；半阁孤悬，影回缥缈之观，星临可摘。

注释

①蟺：蚯蚓。

译文

一条小道，若隐若现，蜿蜒前行，就像蛇和蚯蚓一样，云雾升腾之处则一片迷蒙；半座亭阁，凌空孤悬，就好像缥缈仙境中的景观，站在那里，星星举手可摘。

原文

野旷天低树，江清月近人①。

注释

①“野旷……近人”：此二句出自唐代孟浩然《宿建德江》。

译文

山野空旷，使得天看起来变低了，就好像压在树上一样；江水澄清，月亮倒映在水中，似乎和人更为亲近了。

原文

盛暑持蒲，榻铺竹下，卧读《骚》《经》[1]，树影筛风，浓阴蔽日，丛竹蝉声，远远相续，蘧然入梦，醒来命取榧栉发，汲石涧流泉，烹云芽一啜，觉两腋生风。徐步草玄亭，芰荷出水，风送清香，鱼戏冷泉，凌波跳掷。因涉东皋[2]之上，四望溪山罨画[3]，平野苍翠。激气发于林瀑，好风送之水涯，手挥麈尾，清兴洒然。不待法雨凉雪，使人火宅之念都冷。山曲小房，入园窈窕幽径，绿玉万竿。中汇涧水为曲池，环池竹树云石，其后平冈逶迤[4]，古松鳞鬣，松下皆灌丛杂木，茑萝[5]骈织，亭榭翼然。夜半鹤唳清远，恍如宿花坞；间闻哀猿啼啸，嘹呖惊霜，初不辨其为城市为山林也。

注释

①《骚》《经》：《离骚》《诗经》。②东皋：东面的高地。③罨画：颜色驳杂的图画。④逶迤：曲折绵延。⑤茑萝：蔓草、藤萝。

译文

盛夏酷暑手拿蒲扇，将木榻放在竹林之下，卧读《离骚》《诗经》。树影中传来清风，浓荫遮蔽阳光，树丛竹林中时时传来蝉声，忽远忽近，蒙眬中进入梦乡，醒来之时命仆童拿来梳子以便梳洗，汲取山间清泉，以烹煮香茗，感觉两腋生风。涂步来到草玄亭，看菱角、荷花露出水面，微风送来阵阵清香，鱼儿在清凉的泉水中嬉戏，凌波跳跃。于是又来到东皋之上，四面环望，小溪青山，如同颜色驳杂的图画，原野苍翠。激越之气发于林间瀑布之上，和煦清风吹到水边，手中挥动麈尾，清雅之兴致十分洒脱。不用等到甘霖般的雨滴和冰凉的雪花，就可以使人世间的杂念都冰冷消退。弯曲的小山中有间房屋，走进园中的曲折幽径，如玉的绿竹万竿。中间涧水汇集形成弯曲的水池，环绕着曲池周边是竹树、云石，后面是平平的山冈曲折逶迤，冈上松树成林，松下灌木丛生，蔓草、藤萝相互交织，亭台楼榭如同两翼。夜半时分，鹤唳之声极为清远，恍惚间好像住在花坞里一样；中间又听闻猿猴的哀叫啼鸣，声音凄厉惊动了秋霜，最初无法分辨身在城市还是山林。

原文

万里澄空，千峰开霁，山色如黛，风气如秋，浓阴如幕，烟光如缕，笛响如鹤唳，经呗如咿唔[①]，温言如春絮，冷语如寒冰，此景不应虚掷。

注释

①咿唔：咿呀学语。

译文

天空万里澄净，山峰中云雾消散，山色苍翠如黛，清风如秋，树荫浓密如同帷幕，炊烟缕缕，笛声如同鹤唳，风声如同幼儿咿呀学语，温馨的言语如同春天的柳絮，冰冷的言语如同寒冰，这种美好景色不应虚度。

原文

山房置古琴一张，质虽非紫琼绿玉，响不在焦尾号钟[①]，置之石床，快作数弄。深山无人，水流花开，清绝冷绝。

注释

①焦尾号钟：古代的两架名琴，分别属于蔡邕和齐桓公。

译文

山居的房中放上一架古琴，质地虽不是紫琼绿玉，声响也比不上焦尾、号钟，但是把它放在石床上，心情快乐的时候弹奏几曲。在无人的深山中，在潺潺流水、春暖花开的美景中，声音清幽绝伦。

原文

密竹轶云，长林蔽日，浅翠娇青，笼烟惹湿，构数椽其间，竹树为篱，不复葺垣。中有一泓流水，清可漱齿，曲可流觞[1]，放歌其间，离披茜郁，神涤意闲。

注释

①曲可流觞：即流觞曲水，古时的一种风俗，每年三月初三，人们就会在水边宴饮，把盛酒的酒杯放在弯弯曲曲的溪水中，让其自由漂流，漂到谁的面前谁就要饮酒。

译文

茂密的竹林直冲云霄，高高的树林遮蔽了阳光，芳草泛着浅浅的翠绿，娇嫩的青色，烟雾笼罩，空气湿润清新，在这景色中搭建小屋，不用修葺墙垣。中间有一泓清泉，清澈得可以漱口，弯曲有致，可以流觞，在其间放歌，草木郁郁青青，然而又生长得散乱自然，使人净化心灵，获得闲适的意趣。

原文

云晴叆叇[1]，石楚流滋[2]，狂飙忽卷，珠雨淋漓。黄昏孤灯明灭，山房清旷，意自悠然。夜半松涛惊飓，蕉园鸣琅，窾寂坎之声[3]，疏密间发，愁乐交集，足写幽怀。

注释

①叆叇：云彩遮住太阳的样子。②石楚流滋：柱子下的石础潮湿欲滴，这往往是要下雨的征兆。③窾寂坎之声：击打空心物体之声。

译文

天虽已放晴，但云彩却遮住了太阳，石础依然潮湿欲滴，狂风突起，大雨淋漓。黄昏时分，孤灯忽明忽暗，山房中十分清旷，悠闲惬意。夜半时分，松涛阵阵，声音很大，雨打芭蕉之声就像是雨滴到玉石上一样，时而密集，时而稀疏，忧愁与快乐交织在一起，足以书写隐藏在内心的情感。

原文

四林皆雪，登眺时见絮起风中[1]，千峰堆玉，鸦翻城角，万壑铺银。无树飘花，片片绘子瞻之壁[②]；不妆散粉，点点糁原宪之羹[③]。飞霰入林，回风折竹，徘徊凝览，以发奇思。画冒雪出云之势，呼松醪茗饮之景。拥炉煨芋，欣然一饱，随作雪景一幅，以寄僧赏。

注释

①絮起风中：化用“才女谢道韫咏絮”之典故。据《世说新语·言语》中记载：“谢太傅寒雪日内集，与儿女讲论文义，俄而雪骤，公欣然曰：‘白雪纷纷何所似？’兄子胡儿曰：‘撒盐空中差可拟。’兄女曰：‘未若柳絮因风起。’”②子瞻之壁：即苏轼，字子瞻，曾作《念奴娇·赤壁怀古》，其中有“乱石穿空，惊涛拍岸，卷起千堆雪”之词句。③原宪之羹：原宪，孔子的弟子，虽然贫穷但不追求名利，安贫乐道。

译文

四周的树林都被积雪覆盖，登高远眺看到白雪如同柳絮一样在风中起舞，山峰积雪如同堆砌的玉，寒鸦在城角翻飞，山中万壑都铺上了一层银色。没有树木，却在飘花，片片如同苏子瞻所描绘的赤壁景色；不用装点，散落之粉点点如同原宪藜羹中的糁。飞散的雪花飘入林中，强劲的回风折断竹子，徘徊其间，仔细凝视观览，以萌生奇思异想。描绘飘着雪冒出云彩之景致，呼唤松子、茶茗的情景。围着火炉烤山芋，美美地吃饱，随后画了一幅雪景，以便寄给名僧评赏。

原文

名从刻竹，源分渭亩之云[①]；倦以据梧，清梦郁林之石[②]。

注释

①渭亩之云：如同云彩一样繁多密集的竹林，渭亩，即竹子，《史记·货殖列传》中有云：“渭川千亩竹。”②郁林之石：东汉时期，陆绩曾为郁林太守，其人为官十分清廉，以至于罢官后乘船渡海之时，没有什么行李而使得船太轻不够沉稳，最后只好搬运石头上船才得以渡海，后人以此喻指为官清廉。

译文

把名字刻在竹筒上想要流传后世，起源于如同云彩一样繁多密集的渭川千亩竹林；疲倦了就靠着梧桐树休息，梦中也极为清廉。

原文

高堂客散，虚户风来，门设不关，帘钩欲下。横轩有狻猊[1]之鼎，隐几皆龙马之文，流览霄端，寓观濠上[2]。

注释

①狻猊：似狮子的猛兽。②濠上：《庄子·秋水》中记载庄子曾与惠施游于濠梁之上，后代指逍遥之所。

译文

高堂上的客人已经散去，虚掩的门吹来清风，门上不设门闩，帘钩也想要放下。门口有刻着狻猊图案的鼎，几案上刻有龙马之文饰，浏览云端闲适的景色，注视逍遥之所的风光。

原文

海山微茫而隐见，江山严厉而峭卓，溪山窈窕而幽深，塞山童赪[1]而堆阜，桂林之山绵衍庞博[2]，江南之山峻峭巧丽。山之形色，不同如此。

注释

①童赪：荒芜不长草木的赤色土地。②绵衍庞博：绵延而磅礴。

译文

大海上一片迷蒙，远处山脉若隐若现，两岸的山峰高耸而陡峭，溪水流经的青山窈窕而幽深，塞外的山上光秃秃没有草木，堆积成赤色山丘，桂林的山，绵延而磅礴，江南的山，峻峭而俏丽。山的形态景色，就像这样有很大不同。

原文

杜门[1]避影，出山一事不到梦寐间；春昼花阴，猿鹤饱卧亦五云之余荫。

注释

①杜门：关门。

译文

关上门，避开人事，出山入仕这种事从来不会入梦境；春天白日，阳光明媚，花树洒下绿荫，猿猴、仙鹤吃饱后闲卧，是百彩祥云的余荫。

原文

与衲子[1]辈坐林石上，谈因果[2]，说公案[3]。久之，松际月来，振衣而起，踏树影而归，此日便是虚度。

注释

①衲子：本指僧人所穿的衣服，后代指僧人。②因果：佛教主张因果报应论。③公案：佛教禅宗常常运用佛理来解释疑难问题，如同官府判案，由是称为“公案”。

译文

与僧人坐在竹林间的石头上，谈论因果报应，论说禅宗公案。不知不觉过了很久，松林间升起了明月，抖抖衣服站起来，踏着树影回家，这一天便算是虚度了。

原文

辋水[1]沦涟，与月上下；寒山远火，明灭林外，深巷小犬，吠声如豹。村虚夜舂，复与疏钟相间，此时独坐，童仆静默。

注释

①辋水：水名，位于今陕西蓝田县一带，唐代王维曾隐居在此，建下辋川别业。

译文

辋水荡起层层涟漪，映着月光上下闪动，波光粼粼；远处的寒山中几处灯火，在树林外忽明忽暗，深巷中的小狗，叫声如豹。虚静的村落中传来晚上舂米的声音，又和寺院的钟声相间，此时独自静坐，就连仆童也在静默。

原文

东风开柳眼，黄鸟骂桃奴[①]。

注释

①桃奴：在秋天没有被采摘，经过冬天之后已经风干了的桃子。

译文

春天温暖的东风吹开了柳树的眼睛，黄鸟在枝头叫骂那些风干了的桃子。

原文

出芝田[①]而计亩，入桃源而问津[②]。菊花两岸，松声一邱。叶动猿来，花惊鸟去。阅丘壑之新趣，纵江湖之旧心。

注释

①芝田：种植灵草的田地。②津：渡口。

译文

走出种着芝草的田地才计算亩数，进入桃花源之后才询问渡口。河流两岸都是菊花，松声传遍了整个山丘。树叶颤动召来了猿猴，却惊吓了花朵，吓飞了乌鸦。领略丘壑间的新趣，放纵自己飘荡江湖的往日夙愿。

精彩点拨

《景》开卷便将一幅诗中有画、画中有诗的美丽景色展现在读者面前。松竹、茅庐、闲云、苍翠、花瓣、台阶、青烟、黄鸟等，这些词构成一个景的世界，只有那些怀有高雅情韵的隐士才能领会景的神韵，才能表达景的心意。作者调动了许多历史名人，如唐代孟浩然、王维及宋代苏轼等，借用许多美妙的胜景，如杭州、雨花台、钟山、蓝田等，把人物和景色融合在一起，构成动静结合的奇特艺术画卷。全卷充溢着作者对祖国和民族的热爱及深厚的感情，令人读来爱不释手、触景生情、赏心悦目。

阅读积累

辋 水

辋水，即指辋谷水（在今陕西蓝田县西南十多公里处），水源出自秦岭北麓，向北流入县南汇入灞水。因几个水源汇合犹如车辋循环往复，由此得名。唐朝诗人、画家王维曾在此添置别业，故称辋川别业，由此而使辋水声名远播。

辋川原是宋之问在一片拥有林泉之胜之地而建的一处天然园林，王维在宋之问辋川山庄的基础上建造的别业，使得山水神貌、林态姿容的美更加集中地表现出来。诗情画意，妙趣横生，文人学士在这里可歇息、可观赏、可借景、可创作，王维根据植物和山川泉石所形成的景物特色而题名辋川别业。

卷七 韵

精彩导读

《韵》是《小窗幽记》中的第七卷散文。所谓韵，就是指灵韵，韵味。作者采用比喻手法，一方面延续卷六《景》的生命线，描述自然山水之韵味；另一方面描述了人生交友的道理，不仅要有好的口味，还要讲究质量、讲究德行的韵味。作者通过韵，给世人开出了一剂为人处世、审慎交友的良方妙药。

原文

人生斯世，不能读尽天下秘书灵笈。有目而昧，有口而哑，有耳而聋，而面上三斗俗尘，何时扫去？则韵之一字，其世人对症之药乎？虽然，今世且有焚香啜茗，清凉在口，尘俗在心，俨然自附于韵，亦何异三家村老妪，动口念阿弥，便云升天成佛也。集韵第七。

译文

人生在世，不能把天下的书都读完，长着眼睛却看不见，有口却说不出，有耳朵听不到，脸上的三斗厚的尘土什么时候能够扫去呢？“韵”这个字是不是世人的对症之药呢？即使是这样，现在的人焚香品茶，口清凉了，心还是俗的，好像身上有韵味，又和村里的老妇有什么不同呢？动口就念佛语，说升天成佛了。因此编撰了第七卷《韵》。

原文

陈慥家蓄数姬，每日晚藏花一枝，使诸姬射覆，中者留宿，时号“花媒”。

译文

陈慥家里养了好几个美姬，每天晚上藏一枝花让她们去找，找到的就留下侍宿，时人称之为“花媒”。

原文

清斋幽闭，时时暮雨打梨花；冷句忽来，字字秋风吹木叶。

译文

清斋幽静地闭着，时时传来傍晚雨打梨花的声音；忽然有凄冷的诗句，每个字都是秋风吹树叶般的凄凉。

原文

多方分别，是非之窦易开；一味圆融，人我之见不立。

译文

如果多方见解不同，是非就会由此产生；一味圆融的话，就不能听到不同的意见。

原文

鸟衔幽梦远，只在数尺窗纱，蛩[1]递秋声悄，无言一龛灯火。

注释

①蛩：虫叫。

译文

鸟衔着幽梦飞远，梦境好像在数尺纱窗外，蟋蟀的叫声传递着秋天的讯息，对着龛中的灯火无言。

原文

与梅同瘦，与竹同清，与柳同眠，与桃李同笑，居然花里神仙；与莺同声，与燕同语，与鹤同唳，与鹦鹉同言，如此话中知己。

译文

和梅一样瘦，和竹一样清，和柳一起睡，和桃李花一起笑，好像是花国里的神仙；和黄莺一起歌唱，和燕子说话，和鹤鸣叫，和鹦鹉说话，这就是鸟中的知己。

原文

梅花入夜影萧疏，顿令月瘦，柳絮当空晴恍惚，偏惹风狂。

译文

寒夜里梅花更显得萧疏冷清，让月亮也消瘦了，柳絮飘飞，晴朗的天空恍惚，偏偏惹来狂风吹拂。

原文

花荫流影，散为半院舞衣；水响飞音，听来一溪歌板。

译文

花荫流动的影子，随着阳光洒了半院；溪水流淌的声音，听起来好像是音乐的节拍声。

原文

浣花溪内，洗十年游子衣尘；修竹林中，定四海良朋交籍。

译文

在浣花溪里，洗去游子衣服上十年的灰尘；在修竹林中，编定四海知己交往的名册。

原文

人语亦语，诋其味于钳口；人默亦默，訾其短于雌黄。

译文

附和别人说话，人们会诋毁他把不住口风；跟随别人沉默，人们会讥讽他不善于评论品鉴。

原文

艳阳天气，是花皆堪酿酒，绿阴深处，凡叶尽可题诗。

译文

艳阳天里，只要是花就能采来酿酒，绿荫深处，只要是叶子就可以题诗。

原文

曲沼荇香浸月，未许鱼窥；幽关松冷巢云，不劳鹤伴。

译文

花香浸着月影不可以看鱼，松树清冷云归去，这样幽静的时候，不可以让鹤来相伴。

原文

篇诗斗酒，何殊太白之丹丘？扣舷吹箫，好继东坡之赤壁。

译文

畅饮斗酒吟诵诗篇，和李白的《丹丘诗》有什么不同？叩响船舷吹箫相和，好像是仿照苏轼续写《赤壁赋》。

原文

客到茶烟起竹下，何嫌屐破苍苔；诗成笔影弄花间，且喜歌飞《白雪》。

译文

客来就提水煮茶，茶烟在竹林下袅袅升起，又何必担心木屐踏破了苍翠的苔藓；笔墨在花丛飞舞写成诗篇，随之飘来《白雪》的歌声，令人欣喜。

原文

月有意而入窗，云无心而出岫。

译文

月亮故意溜进窗户，白云无心从峰峦间飘出。

原文

屏绝外慕，偃息长林，置理乱于不闻，托清闲而自佚。松轩竹坞，酒瓮茶铛，山月溪云，农蓑渔罟。

译文

摒弃对尘世贪欲的向往，隐居在山林间，不管世间的治乱兴衰，只图清闲自在。松间的竹坞，盛酒的陶瓮，烹茶的茶铛，山间的明月，溪涧的云雾，农人的蓑衣，渔民的钓网都令人欣喜和流连。

原文

怪石为实友，名琴为和友，好书为益友，奇画为观友，法帖为范友，良砚为砺友，宝镜为明友，净几为方友，古磁为虚友，旧炉为熏友，纸帐为素友，拂麈为静友。

译文

怪石可以是朴实的朋友，名琴是和谐的朋友，好书是益友，奇画是观赏的朋友，法帖是模仿的朋友，良砚是砥砺的朋友，宝镜是明亮的朋友，净几是方正的朋友，古磁是清虚的朋友，旧炉是熏香的朋友，纸帐可以是素淡的朋友，拂麈可以是幽静的朋友。

原文

一室十圭，寒蛰声喑，折脚铛边，敲石无火，水月在轩，灯魂未灭，揽衣独坐，如游皇古。

译文

在窄小的屋子里，在寒秋中虫子的悲鸣发不出声音，在折脚的茶铛之间敲火石却生不出火来。水中明月照在高轩上，烛光熄灭灯花还在，揽衣独坐，这样的情景，仿佛是神游上古世界。

原文

遇月夜，露坐中庭，心爇香一炷，可号伴月香。

译文

赶上月夜，顶着露水在院中打坐，必须燃起一炷香，可称为伴月香。

原文

襟韵洒落如晴雪，秋月尘埃不可犯。

译文

胸襟开阔，韵致磊落像初晴的雪，秋月清静，是世间的尘埃无法侵犯和污染的。

原文

峰峦窈窕，一拳便是名山；花竹扶疏，半亩如同金谷。

译文

峰峦秀美，即使是拳头般大小也是名山；花荫竹影斑驳稀疏，即使只有半亩也比得上金谷园。

原文

观山水亦如读书，随其见趣高下。

译文

看山水也像读书一样，会根据人的情趣见识的不同一分高下。

原文

深山高居，炉香不可缺，取老松柏之根枝实叶，共捣治之，研风昉羼和之，每焚一丸，亦足助清苦。

译文

住在深山里，炉香是不可缺的，取老松柏的根枝、果实和叶子一起捣碎制成，研成风昉加以调和，每焚完一丸香，足以帮助人清心苦行。

原文

白日羲皇世，青山绮皓心。

译文

明媚的日光像上古伏羲时的清闲世界，山清水秀像汉初商山四皓那样超俗。

原文

松声、涧声、山禽声、夜虫声、鹤声、琴声、棋子落声、雨滴阶声、雪洒窗声、煎茶声，皆声之至清，而读书声为最。

译文

松间涛声、山涧水声、山禽叫声、夜虫鸣声、鹤声、琴声、棋子落声、雨滴阶声、雪洒窗声、煎茶声，这些声音都是至清的，唯有读书声是最为清幽的。

原文

春夜宜苦吟，宜焚香读书，宜与老僧说法，以销艳思。夏夜宜闲谈，宜临水枯坐，宜听松声冷韵，以涤烦襟。秋夜宜豪游，宜访快士，宜谈兵说剑，以除萧瑟。冬夜宜茗战，宜酌酒说《三国》《水浒》《金瓶梅》诸集，宜箸竹肉，以破孤岑。

译文

春夜适合苦吟诗书、焚香读书，还有和老和尚谈论佛法，来消除内心的艳思。夏天的晚上适合闲谈，适合静坐，听松涛声、清冷的韵律，来消除内心的烦闷。秋天的晚上适合开怀游玩，拜访爽快的人，谈论兵法、剑术，消除萧瑟的感觉。冬天的晚上适合斗茶，适合一边喝酒一边说《三国演义》《水浒传》《金瓶梅》等，用竹菌来佐食，打破孤独和寂寞。

原文

遨游仙子，寒云几片束行装；高卧幽人，明月半床供枕簟。

译文

遨游宇宙的仙子，用几片寒云来装束行装；高卧无忧的隐士，在月光洒满半张床的时候悠闲地枕着枕头。

原文

落落者难合，一合便不可分；欣欣者易亲，乍亲忽然成怨。故君子之处世也，宁风霜自挟，无宁鱼鸟亲人。

译文

沉默寡言的人很难合群，只要合群就难分开；乐观的人容易亲近，忽然亲近就会结怨。所以君子在世上，宁愿自己接受风霜做知己，也不愿像缸中鱼、笼中鸟一样亲附于人。

精彩点拨

本卷《韵》开篇即采用比喻、反问、对比之创作手法，解读了作者赋予韵的含义，即韵这个字是给世人解除病痛的苦口良药。作者以虫、鸟、花、草等喻人，交友同样要选择那些品德好的人。作者调动了唐代李白、宋代苏轼等名人，以及许多默默无闻的真君子、真隐士来诠释韵的重要性，通过名人效应，引起读者对交友的关注与重视。如最后一文所说，君子在世上，宁愿自己接受风霜做知己，也不愿像缸中鱼、笼中鸟一样亲附于人，把韵的意图和含义表达得淋漓尽致。

阅读积累

《金瓶梅》

《金瓶梅》，是兰陵笑笑生创作的中国古代第一部长篇白话言情小说。成书时间大约在明代隆庆至万历年间。兰陵笑笑生也是中国文学史上第一位独立创作长篇白话小说的作家，开启了文人直接取材于现实社会生活而创作长篇小说的先河，在创作艺术上达到了前所未有的高度，《金瓶梅》也被列为明代“四大奇书”之首。

《金瓶梅》以市井人物与世俗风情为描写中心，书名由书中的三个女主人公潘金莲、李瓶儿、庞春梅各取一字合成。小说题材由《水浒传》中武松杀嫂一段演化而来，通过对集官僚、恶霸、富商三种身份于一体的市侩势力的代表人物西门庆及其家庭罪恶生活的描写，再现了当时社会民间生活的风貌。形象逼真地描绘了一个上至朝廷中擅权专政的太师，下至地方官僚恶霸乃至市井地痞、流氓、帮闲所构成的鬼蜮世界，揭露了明代中叶社会的黑暗和腐败，具有深刻的认识价值。

卷八　奇

精彩导读

《奇》是《小窗幽记》中的第八卷散文。奇的含义，即指非常突然、出人意料，十分罕见。如奇怪、奇妙、新奇等。作者精心选择了奇景、奇人、奇事三个方面，紧紧围绕“奇”字大做文章，描写了罕见的奇景、怪异的奇人、诡异的奇事，令人耳目一新。让我们一睹为快。

原文

我辈寂处窗下，视一切人世，俱若蠛蠓婴媿①，不堪寓目。而有一奇文怪说，目数行下，便狂呼叫绝，令人喜，令人怒，更令人悲。低徊数过，床头短剑亦作龙虎吟，便觉人世一切不平，俱付烟水。集奇第八。

注释

①蠛蠓婴媿：蠓虫。

译文

我们静坐在窗下，冷眼看世上的一切世事，都好像蠓虫一样争着吸血，不忍去看。有一段奇怪的谈论，我一气看完，认为好极了，内容令人叫绝，也令人欢喜、愤怒，更令人悲伤。经过品味后，连挂在床头的短剑都发出龙吟的声音，让人觉得世间的恩怨情仇像过眼云烟一样散去了。于是编撰了第八卷《奇》。

原文

君子不傲人以不如，不疑人以不肖。

译文

正人君子不会因为别人不如自己就骄傲，也不会因为别人的品行不端正就不信任别人。

原文

读诸葛武侯《出师表》而不堕泪者，其人必不忠；读韩退之《祭十二郎文》而不堕泪者，其人必不友。

译文

要是读诸葛亮的《出师表》不哭的人，肯定没有尽忠的心；读韩愈的《祭十二郎文》不流泪的，这个人肯定缺少兄弟间的友爱之情。

原文

尘世味道并不是不浓重艳丽，但自己可以淡然对待。如有幸看到天下的伟人和奇物，自然不会觉得惊心动魄。

译文

人情世味浓重，可以用淡泊的心对诗史。如有幸看到伟大的人物和奇异的事情，自然不会觉得惊心动魄。

原文

道上红尘，江中白浪，饶他南面百城；花间明月，松下凉风，输我北窗一枕。

译文

路上红尘滚滚，江中白浪翻腾，他君临天下、坐拥百城也比不上；花间有明月照耀，松下送来凉风，可哪里有我在北窗下枕着枕头大睡更自在呢！

原 文

识尽世间好人，读尽世间好书，看尽世间好山水。

译 文

认识全天下的好人，读完全天下的好书，看完全天下的好山好水。

原 文

以一石一树与人者，非佳子弟。

译 文

给别人像石头和树这样小恩惠的人，不是好后生。

原 文

一勺水，便具四海水味，世法不必尽尝；千江月，总是一轮月光，心珠宜当独朗。

译 文

一勺水就具备了世间所有水的味道，所以世间的人情世事不一定都要经历；千江上的明月其实是同一轮，所以人的心应该纯净如珠，光明朗照。

原 文

面上扫开十层甲，眉目才无可憎；胸中涤去数斗尘，语言方觉有味。

译 文

只有揭开掩盖真性情的假面具，才能露出真相，眉目也不至于让人觉得可憎；只有涤除了内心的欲望和杂念，语言才会让人觉得有味可亲。

原文

愁非一种，春愁则天愁地愁；怨有千般，闺怨则人怨鬼怨。

译文

忧愁不止一种，要是春愁，那么天也愁地也愁；怨恨也有很多种，如果是闺中之怨，那么会怨天、怨鬼。

原文

笋含禅味，喜坡仙玉版之参；石结清盟，受米颠袍笏之辱。

译文

竹笋中蕴含着禅的味道，很喜欢苏轼拜访玉版和尚所玩的游戏；巨石连接成清雅的会盟，反而遭受米芾身着官服参拜的耻辱。

原文

缃绨[①]递满而改头换面，兹律既湮；缥帙[②]动盈而活剥生吞，斯风亦坠。

注释

①缃绨：米黄色的书的封套。这里借指书卷。②缥帙：淡青色的绢帛制成的书的封套。此处也指书卷。

译文

书架上放着书卷，但已不是原来的那些，其中的真谛已经没了；淡青色的书套有几尺厚，看书时囫囵吞枣，传统的读书风气也消失殆尽了。

原文

先读经，后可读史；非作文，未可作诗。

译文

只有先读经书，才可以读史书；要是不练习作文章就没法作好诗。

原文

俗气入骨，即吞刀刮肠，饮灰洗胃，觉俗态之益呈；正气效灵，即刀锯在前，鼎镬具后，见英风之益露。

译文

俗气深入骨髓，即使吞刀刮肠、喝灰洗胃，仍然觉得神态俗得要命；要是灵魂中有正气，即使是酷刑当前也不畏惧，反而更能显出英雄的豪气。

原文

于琴得道机，于棋得兵机，于卦得神机，于兰得仙机。

译文

从琴中悟得自然的玄机，从下棋中可以领悟兵法战略，从占卜中可以得到莫测的神机，从丹药中悟得成为神仙的机缘。

原文

湖山之佳，无如清晓春时。当乘月至馆，景生残夜，水映岑楼，而翠黛临阶，吹流衣袂，莺声鸟韵，催起哄然。披衣步林中，则曙光薄户，明霞射儿，轻风微散，海旭乍来。见沿堤春草霏霏，明媚如织，远岫朗润出沐，长江浩渺无涯，岚光晴气，舒展不一，大是奇绝。

译文

湖山最好的景致没有比春天的清晨更好的了。当伴着残月来到馆舍，眼前会现出另一番景致，平静的水面上倒映着小楼，淡青色的晨光照在台阶上，微风吹着衣襟，黄莺的叫声和着鸟鸣的旋律，让梦中之人惊醒。披上衣衫去树林，只见曙光照在门上，明朗的朝霞照在几案上，微风散去，太阳升起，堤岸上芳草霏霏，春光就像锦缎，远方的山峦就像刚洗完澡，江面辽阔无边，晨雾在空中或舒或动，呈现千姿百态，非常奇特美妙。

原文

心无机事，案有好书，饱食晏眠，时清体健，此是上界真人。

译文

内心没有算计，案头有好书，饱食终日，安然睡去，身体强健心态好，这样的人就好像是天上的神仙一样。

原文

读《春秋》，在人事上见天理；读《周易》，在天理上见人事。

译文

读《春秋》，在人情世事上能看出天理；读《周易》，在天理之上能洞察出人情世事。

原文

论名节，则缓急之事小；较生死，则名节之论微。但知为饿夫以采南山之薇，不必为枯鱼以需西江之水。

译文

谈论名节，那么急迫困难的事情要小得多；如果和生死比较起来，那么名誉和节操也微不足道。我知道伯夷、叔齐不吃周朝的粮食最后饿死在终南山的事情，不必为救活快要渴死的鱼来去引西江的水。

原文

儒有一亩之宫，自不妨草茅下贱；士无三寸之舌，何用此土木形骸？

译文

儒生只需要有一亩那么大的房屋就可以了，这样自然甘于居住在茅舍，并处于贫贱之中；谋士没有三寸不烂之舌，那保有这土木一样的身体又有什么用呢？

精彩点拨

《奇》开卷采用形象比喻的手法，引用了蠓虫吸血、短剑龙吟的故事情节，极尽夸张之能事，意在突出奇的魅力与神韵，由此可见全卷之状貌。无论奇景、奇人，还是奇事，全卷都充溢着令人神往的激情与快乐。如奇事之《出师表》的忠诚、《祭十二郎文》的深情、《春秋》《周易》里的天理人事等，涉及的作品都是名在千秋的扛鼎之作，可见《奇》的营养之丰富。

阅读积累

《出师表》

汉章武元年（221），刘备称帝，拜诸葛亮为丞相。汉建兴元年（223），刘备病死，将儿子刘禅托付给诸葛亮，诸葛亮不辜负先帝嘱托，极力辅佐刘禅。由此，诸葛亮实行了一系列治国方针，坚持正确的政治方向，采取强有力的经济措施，很快使汉境内呈现兴旺发达的景象，国力大大增强。为了实现全国统一，诸葛亮在平息南方叛乱之后，决定北伐，夺取魏都长安。建兴五年（227）率领大军出征，临行前上书后主，这就是著名的《出师表》。

《出师表》出自《三国志·诸葛亮传》卷三十五，这篇表文多以四字句行文，既没有华丽的辞藻，也没有引用典故，而是以议论和兼用记叙、抒情的描写手法，用恳切的言辞，针对当时的局势，劝勉刘禅要继承先主刘备的遗志，广开言路、赏罚严明、亲贤远佞，以完成“兴复汉室”的大业，还都旧都（洛阳）。表现了诸葛亮“北定中原”的坚定信念和对蜀汉忠贞不二的思想品格。

卷九　绮

精彩导读

《绮》是《小窗幽记》中的第九卷散文。绮意思是指美丽、美妙，由此引申可知作者在本篇借用景物、动物而言情，主要描写古代文化艺术界发生的风流韵事。开卷写舞女唱起了吴越地区的歌，舞起了吴越地区的舞蹈，这些歌舞让自己进入歌舞表现的意境中，如同回到古代一样，乃至悄然落泪。表达了作者对舞女的同情与爱怜。

原文

朱楼绿幕，笑语勾别座之春，越舞吴歌，巧舌吐莲花之艳。此身如在怨脸愁眉、红妆翠袖之间，若远若近，为之黯然。嗟乎！又何怪乎身当其际者，拥玉床之翠而心迷，听伶人之奏而陨涕乎？集绮第九。

译文

朱红色的楼宇垂着绿色的帷幕，楼上传来的笑语使得别处坐着的宾客都心动了。舞女唱起了吴越地区的歌，跳起了吴越地区的舞蹈，灵巧的舌头吐着歌词，就好像是艳丽的莲花一般美丽。就好像让人回到了古代，回到了当时的那些一脸愁容的、化着红妆舞动翠袖的绝色美女之间一样，她们有时离我们很近，有时又好像很远，让人不禁黯然神伤。唉！这些歌舞让自己如同身临其境一般，拥有翠绿的玉床，但是心却完全沉迷于其间，听到伶人的演奏悄悄地落下泪来又有什么奇怪的呢？所以编撰了第九卷《绮》。

原文

天台花好，阮郎却无计再来；巫峡云深，宋玉只有情空赋。瞻碧云之黯黯，觅神女其何踪；睹明月之娟娟，问嫦娥而不应。

译文

天台上的花开得很美艳，阮郎却再也不能来欣赏这些花了；浓密的乌云笼罩着巫峡，宋玉只能对着巫山的神女空写赋文。远远地看到天上飘着的碧绿的云彩，只能黯然神伤，到哪里去寻觅神女的踪迹呢？看着娟秀的明月，遥问月亮上的嫦娥，嫦娥却不作答。

原文

昔人有花中十友：桂为仙友，莲为净友，梅为清友，菊为逸友，海棠名友，荼蘼韵友，瑞香殊友，芝兰芳友，腊梅奇友，栀子禅友。昔人有禽中五客：鸥为闲客，鹤为仙客，鹭为雪客，孔雀南客，鹦鹉陇客。会花鸟之情，真是天趣活泼。

译文

古人有花中十友的说法：桂花为仙友，莲花为净友，梅花为清友，菊花为逸友，海棠为名友，荼蘼为韵友，瑞香为殊友，芝兰为芳友，腊梅为奇友，栀子花为禅友。古人又有禽中五客的说法：鸥为闲客，鹤为仙客，鹭为雪客，孔雀为南客，鹦鹉为陇客，这两种说法都能够领会和切合花鸟的性情，可以称得上是无然情趣，活泼可爱。

原文

凤笙龙管，蜀锦齐纨。

译文

带着凤笙和龙管，穿着蜀地的锦和齐地产的白色细绢。

原文

木香盛开，把杯独坐其下，遥令青奴吹笛，止留一小奚侍酒，才少斟酌，便退立迎春架后。花看半开，酒饮微醉。

译文

坐在木香花下，端着酒杯自饮，让青衣女奴远远地吹笛，只留下一个年少的男仆在身边伺候，斟满酒之后马上退到迎春花架后面。赏花要看半开的花，饮酒要达到微有醉意。

原文

夜来月下卧醒，花影零乱，满人襟袖，疑如濯魄于冰壶。

译文

深夜在皎洁的月光下睡觉，忽然醒来，花影凌乱，洒满襟袖，让人神清气爽，仿佛整个魂魄在盛冰的玉壶中浸过一样。

原文

看花步，男子当作女人；寻花步，女子当作男人。

译文

观赏花卉时的脚步，男人应该像女人那样轻缓；寻访花卉的脚步，女子的脚步应该像男人那样迅疾。

原文

窗前俊石泠然，可代高人把臂；槛外名花绰约，无烦美女分香。

译文

窗前有美石泠然立着，可以代替主人和宾客交游；门外有名花风姿绰约，没有必要让美女来分享花香。

原文

新调初裁，歌儿持板待拍；阄题方启，佳人捧砚濡毫。绝世风流，当场豪举。

译文

刚刚写好的曲子，歌童拿着牙板等待着点歌；抓阄的诗题刚打开，美人已经手捧砚台等候挥毫泼墨了。这样的情景，可以称得上是绝世风流，当场豪举。

原文

桃红李白，疏篱细雨初来；燕紫莺黄，老树斜风乍透。

译文

桃花红，李花白，蒙蒙的细雨透过稀疏的篱笆飘洒过来；紫色的燕子，黄色的莺，一阵斜风透过苍老的古树吹拂而去。

原文

窗外梅开，喜有骚人弄笛；石边雪积，还须小妓烹茶。

译文

梅花开在窗外，令人惊喜的是诗人吹笛歌唱；石边堆着积雪，还需要小妓焚香烹茶。

原文

高楼对月，邻女秋砧；古寺闻钟，山僧晓梵。

译文

在高楼上面对着明月，不时传来邻家女孩秋夜的捣衣声；古寺中听到钟声，原来是山僧在做早课。

原文

佳人病怯，不耐春寒；豪客多情，尤怜夜饮。李太白之宝花宜障，光孟祖之狗窦堪呼。

译文

美人病后虚弱，耐不住春寒料峭；豪客情感丰富，尤其喜欢夜间喝酒。所以李白相见宠妃，应该设七宝花帐相隔；光孟祖在狗洞中看见朋友大叫，应把他叫进来痛饮。

原文

古人养笔，以硫黄酒；养纸，以芙蓉粉；养砚，以文绫盖；养墨，以豹皮囊。小斋何暇及此！惟有时书以养笔，时磨以养墨，时洗以养砚，时舒卷以养纸。

译文

古人用硫黄酒来保养笔，用芙蓉粉来保养纸，用文绫盖保养砚，用豹皮囊保养墨。我的书斋哪里有条件做这些，只好时常写字来保养笔，常研墨来保养墨，常清洗来保养砚，时时舒展来保养纸。

原文

芭蕉近日则易枯，迎风则易破。小院背阴，半掩竹窗，分外青翠。

译文

芭蕉在炎热的太阳下容易枯萎，在迎风的地方容易被风吹破。处于背阴的地方，芭蕉叶掩着竹窗，显得格外青翠。

原文

欧公香饼，吾其熟火无烟；颜氏隐囊，我则斗花以布。

译文

欧阳修用石炭焚香，我用的却是无烟的深红火炭；颜之推用的是斑丝隐囊，我用的却是用碎花布拼的枕头。

原文

梅额生香，已堪饮爵；草堂飞雪，更可题诗。七种之羹，呼起袁生之卧；六花之饼，敢迎王子之舟。豪饮竟日，赋诗而散。

译文

梅额生香可以作为饮酒的谈资；草堂飞雪可以作为吟咏的诗题。七宝的菜羹，可以唤起僵卧的袁安；六瓣的雪花，敢迎王子猷的小舟。豪饮一天，赋完诗就散了。

原文

笔阵生云，词锋卷雾。

译文

挥笔成阵，顿生云气；言辞锋利，卷起了雾霭。

原文

楚江巫峡半云雨，清簟疏帘看弈棋。

译文

巫峡之上一会儿阴云密布，一会儿细雨绵绵；在清凉的竹席上打坐，隔着稀疏的帘子观看下棋。

原文

涧险无平石，山深足细泉。短松犹百尺，少鹤已千年。

译文

险峻的山涧没有平坦的石头，幽深的山峦到处都是细细的泉水。即使低矮的松树也有百尺那么高，即使年少的仙鹤也已经上千岁了。

原文

雪滚花飞，缭绕歌楼，飘扑僧舍，点点共酒旆悠扬，阵阵追燕莺飞舞，沾泥逐水。岂特可入诗料？要知色身幻影，是即风里杨花、浮生燕垒。

译文

雪花飞舞，落花飞散，在歌楼外缭绕，飘落在僧人的门前，雪花和酒旗一起飞扬，落花阵阵追逐着燕莺，终究还是要落在地上沾上污水。这样的情景，难道只是入诗的题材吗？须记住色即是空，这样的幻影只是风中的杨花、浮生的燕巢，是没有根底的。

原文

水绿霞红处，仙犬忽惊人，吠入桃花去。

译文

在绿水环绕、红霞笼罩的仙境，仙犬吓人一跳，叫着跑到桃花深处。

原文

九重仙诏，休教丹凤衔来；一片野心，已被白云留住。

译文

不可以让丹凤衔来九重天上玉皇大帝的诏书，羁荡的心已经被悠悠的白云锁住了。

原文

斗草春风，才子愁销书带翠；采菱秋水，佳人疑动镜花香。

译文

春风和煦，才子在野外进行斗草，把冬天的沉郁都抛在满眼的绿色中了；秋水宜人，佳人在水面上划船采摘菱角，清澈的水面荡起涟漪，仿佛有人动了梳妆的镜台。

原文

竹粉映琅玕之碧，胜新妆流媚，曾无掩面于花宫；花珠凝翡翠之盘，虽什袭非珍，可免探颌于龙藏。

译文

珠粉和美石的颜色相映衬，比刚化过妆的美人还要妩媚，就算在百花之中也遮盖不住它的面蓉；花珠凝结在翡翠盘中，即使是珍重收藏的非贵重之物，也可以免于在龙宫探颔取珠。

原文

绕梦落花消雨色，一尊芳草送晴曛。

译文

梦中萦绕的落花消去了雨色，一片芳草送走了晴天落日的余晖。

原文

争春开宴，罢来花有叹声；水国谈经，听去鱼多乐意。

译文

在百花齐放的花丛中开宴，宴席散后花也有叹息的声音；在水乡中谈经，仔细听的鱼也其乐融融。

原文

无端泪下，三更山月老猿啼；蓦地娇来，一月泥香新燕语。

译文

没理由地流泪，因为是三更的时候山中的老猿在凄凉地啼叫；忽然有娇声传来，原来是燕子衔着泥土在低语。

原文

红颜未老，早随桃李嫁春风；黄卷[①]将残，莫向桑榆[②]怜暮景。

注释

①黄卷：指诗书。②桑榆：指暮年。

译文

不要等到红颜老去，而应该像桃花、李花那样随着春风而去般趁早出嫁；书生已经饱读诗书，要趁着好时机赶紧进入仕途，不要等到晚年再来哀叹暮景的凄惨。

原文

销魂之音，丝竹不如着肉[①]。然而风月山水间，别有清魂销于清响，即子晋之笙，湘灵之瑟，董双成之云璈，犹属下乘[②]。娇歌艳曲，不益混乱耳根。

注释

①着肉：指喉舌发出的歌声。②下乘：更次一级。

译文

说到令人销魂的音乐，丝竹管弦所演奏出来的音乐不如从人们喉舌发出的歌声更动听；然而大自然中的风花雪月、山水之音，比这还有一份清幽的、销人魂魄的天籁般的清音。相比之下，即使是王子乔所吹的笙、湘水女神所鼓的瑟，董双成击的云璈，也要逊色很多，至于那些庸俗的娇歌艳曲，则根本就不能算入流，不应该拿来混淆人们的听觉。

原文

风惊蟋蟀，闻织妇之鸣机[①]，月满蟾蜍[②]，见天河之弄杼。

注释

①鸣机：织布机的声音。②蟾蜍：传说月宫中有三条腿的蟾蜍，所以用蟾蜍来指代月亮。

译文

风声把蟋蟀惊得发出了鸣叫，仿佛是织女织布的声音；月光洒满了整个宇宙，仿佛能够看到织女在天河中摆弄织布机。

原文

莹以玉琇，饰以金英[①]。绿芰[②]悬插，红蕖[③]倒生。

注释

①英：指花朵。②绿芰：绿色的菱角。③红蕖：红色的荷花。

译文

用晶莹的美玉来点缀，用金黄的鲜花来作为装饰。人工的雕饰不如天然的装饰，就好比绿色的菱角在水里悬荡着，红色的荷花倒着长在水里。

原文

纷黄庭之靃靡[①]，隐重廊之窈窕[②]；青陆[③]至而莺啼，朱阳升而花笑。

注释

①靃靡：指茂盛的杂草。②窈窕：指美丽的少女。③青陆：指月亮。

译文

纷乱的黄庭里茂盛的草木随风飘荡，坐在幽静隐秘的重廊中的美女显得更加文静娇美；在月光的照映下，黄莺亮开嗓子啼叫，太阳升起，花儿含着微笑。

精彩点拨

《绮》借用古代文化名人和典故，采用借景抒情、拟人手法等表现形式，描写了古代文化艺术界发生的风流韵事。如写宋玉对着巫山的神女空写赋文，李白相见宠妃，等等。开篇写舞女歌唱、舞蹈，末卷写美女在月色下欣赏黄莺的啼叫。前后相互照应，妙趣横生。

阅读积累

董双成

民间传说董双成是西周时代钱塘江畔的一位漂亮的女子，浑身洋溢着一股灵秀之气和浓厚的青春韵味。她的先祖是商朝的史官，清虚以自守，卑弱以自持，在朝廷中出谋划策，颇有建树。自商朝灭亡后，董双成在钱塘江畔定居，选择飞来峰下开荒种地，结庐而居。每当初春桃花盛开之时，嫣红一片，犹如生活在神仙般的境界中。

久而久之，天庭中的西王母听说后，便把董双成收为弟子。待董双成修炼成仙飞升后，任西王母身边的西池仙女。因董双成通音律，善吹笙，深得西王母的喜爱。西王母与汉武帝相会时，便由董双成负责奉上蟠桃。后西王母把掌管蟠桃园的重任交给了董双成。

卷十　豪

精彩导读

《豪》是《小窗幽记》中的第十卷散文。作者从几个方面描写了英雄豪侠、文人学士讲义气、重感情的精神风貌，通过豪爽之气、豪侠之行的义举，点出“天生我材必有用，千金散尽还复来”的英雄胆略这一主题思想。读来颇有激人奋进之感，具有现实意义。

原文

今世矩视尺步①之辈，与夫守株待兔之流，是不束缚而阱者也。宇宙寥寥，求一豪者，安得哉？家徒四壁②，一掷千金，豪之胆；兴酣落笔，泼墨千言，豪之才；我才必用，黄金复来③，豪之语。夫豪既不可得，而后世倜傥之士，或以一言一字写其不平，又安与沉沉故纸同为销没乎？集豪第十。

注释

①矩视尺步：指的是墨守成规，不知道变通。②家徒四壁：这是化用的司马相如的诗句。③我才必用，黄金复来：这是化用李白的《将进酒》。

译文

在现在这个社会上，那些墨守成规不知道变通的人，以及那些守株待兔的人，他们是用不着受到任何束缚就会自落陷阱的。在广阔的宇宙之间，要想找到一个不受任何束缚的洒脱的人，哪里能够找到呢？家里穷得没有下锅的米，空荡荡的一贫如洗，但是还能够一掷千金的，这就是有胆略的洒脱豪放之人；在兴头上挥毫泼墨，书写千言，这是有才气的豪放之人；天生我材必有用，千金散尽还复来，这是有见识的豪放之人。既然不能来求取豪放，那么后世那些所谓的风流倜傥之人，有的人用一句话或者一个字来抒写内心的不平之气，怎么能够让这些人在陈旧的故纸堆里消磨尽内心的激情，变得一辈子默默无闻呢？于是我编撰了第十卷《豪》。

原文

桃花马[1]上，春衫少年侠气；贝叶斋[2]中，夜衲老去[3]禅心。

注释

①桃花马：指白毛红点的马。②贝叶斋：指佛寺。③老去：指显露出来的老态龙钟的神色。

译文

在春天的时节，跨上桃花马，让春天的衣衫在风中飘逸，显示出一派少年的英姿和豪侠的气魄；身居在佛寺里，在深夜中诵经的老衲，露出一副老态龙钟的神态，心态淡泊，一片禅心。

原文

岳色[1]江声，富煞[2]胸中丘壑；松阴花影，争残局上山河[3]。

注释

①岳色：指的是山色。②富煞：富有的意思。③山河：这里指棋局中的胜负。

译文

山色变得苍苍茫茫，江水滔滔不断，使得人的内心无比开阔；松树间无比清凉，各种花落下参差的影子，这样的情景下正好可以邀请朋友来下几盘棋，在残局中争夺胜负。

原文

骥虽伏枥[1]，足[2]能千里；鹄[3]即垂翅，志在九霄。

注释

①枥：马槽。②足：能够。③鹄：指天鹅。

译文

好马虽然被束缚在槽下，但是还是能跑千里那么远的；即使让天鹅垂下翅膀，它的志向还是在高远的天空上的。

原文

诗酒兴将[①]残，剩却楼头几明月；登临情不已[②]，平分江上半青山。

注释

①将：马上，就要。②不已：没有停止。

译文

诗兴已经没有了，酒席也剩下残羹冷炙了，天地间只剩下悬挂在楼头上的一轮明月；登上高山，下面靠着江水，兴致未已，看江水平分了江上的半座青山。

原文

闲行消白日[①]，悬李贺呕字之囊[②]；搔首问青天，携谢朓[③]惊人之句。

注释

①白日：这里指时光。②李贺呕字之囊：唐代诗人李贺作诗非常刻苦，每次外出的时候都让书童背着锦囊，如果有诗句产生就写好放进里面。③谢朓：南齐著名诗人，长五言诗，以山水风景诗最为出色。

译文

在闲着的时候出来散散步，消磨一下时光，随身带着李贺呕字苦吟的锦囊；登上高山摆弄着头发，对着青天发问，随身带着谢朓惊人的诗句。

原文

深居远俗①，尚愁移山有文②；纵饮达旦，犹笑③醉乡无记。

注释

①远俗：远离世俗。②移山有文：是孔稚珪所写的用来讥讽周颙假托山神，其实内心热衷于名利的卑俗的做法。③笑：讥笑。

译文

隐居深山，远离世俗的骚扰，还是忧愁《北山移文》这样的讥讽文章；放开情怀来欢畅地喝酒，喝一个通宵，还嘲笑这么美妙的醉乡的情怀居然没有人来给作记。

原文

交友须带三分侠气，做人要存一点素心。

译文

在交朋友的时候要带着三分的豪侠之气，做人一定要存有一点儿纯洁的心。

原文

栖守道德者，寂寞一时；依阿权变者，凄凉万古。

译文

一心一意遵守道德规范的人，他们的寂寞只是一时的；至于那些依附权势阿谀奉承的人，他们内心的凄凉是万世的。

原文

深山穷谷，能老经济才猷；绝壑断崖，难隐灵文奇字。

译文

深山穷谷里，可以把人内心的治国的才华消磨尽，使其变成一个无用之人；但是山谷里的绝崖断壁之间，却难以隐藏住人内心里的奇妙的、富有灵感的神思和优美的句子。

原文

献策金门苦未收，归心日夜水东流。扁舟载得愁千斛，闻说君王不税愁。

译文

想向皇上献策，但是却没有任何收获，因此而苦恼。打算回去的心思就好像日夜奔腾不息的江水一样一刻也没有停止。一叶扁舟能载动千斛的愁绪，听说君王是不会对忧愁征收赋税的。

原文

世事不堪评，掩卷神游千古上；尘氛应可却，闭门心在万山中。

译文

世间的事情是经不住评论的，只有批阅书卷，在千古的文化之中神游；至于世俗间的风气是可以谢绝的，可以采取闭门谢客的办法，让自己的心沉浸在万山之间。

原文

英雄未转之雄图，假糟邱为霸业；风流不尽之余韵，托花谷为深山。

译文

英雄豪杰的宏伟壮志还没有完全实现，就把自己完全沉浸在酒色之中了；风流才子的才智还是得不到施展，于是就流连于声色之中，消磨自己的斗志。

原文

丈夫须有远图，眼孔如轮，可怪处堂燕雀；豪杰宁无壮志，风棱似铁，不忧当道豺狼。

译文

大丈夫一定有远大的志向，大丈夫的眼孔应该和车轮那么大，不要像那些整天躲在屋檐下不知道祸患快要来的燕雀那样目光短浅；真正的豪杰怎么可以没有雄心壮志呢，一定要让自己铁骨铮铮，威风凛凛，不必担忧奸邪的小人掌权。

原文

云长香火，千载遍于华夷；坡老姓字，至今口于妇孺。意气精神，不可磨灭。

译文

关公的香火，千百年来在华夏大地上都没有断绝过，他受到了全华夏人的尊敬；苏轼的名字，从古到今都是妇孺皆知的，他的事迹大家都口耳传颂。由此可见，人的意志和精神是不可磨灭的。

原文

据床嗒尔，听豪士之谈锋；把盏惺然，看酒人之醉态。

译文

坐在榻上聚精会神地听豪杰滔滔不绝地高谈阔论；即使不断斟上酒，不断喝着，内心依然还是清醒的，正好可以看喝酒的人各自不同的醉态。

原文

登高远眺，吊古寻幽，广胸中之丘壑，游物外之文章。

译文

登上高地往远处眺望，凭吊古代的名胜古迹，寻找幽深之处的胜景。胸中的山河自然宽广，置身物外所写的文章让人读后更加酣畅。

原文

王仲祖有好形仪，每览镜自照，曰：“王文开那生宁馨儿？”

译文

王仲祖这个人长得仪表堂堂，每次对着镜子看自己都会说：“王文开(其父)怎么生了这么个漂亮儿子啊？”

原文

毛澄七岁善属对，诸喜之者赠以金钱，归掷之曰，“吾犹薄苏秦斗大，安事此邓通靡靡！”

译文

毛澄七岁的时候就很擅长对对子，那些很喜爱他的人都给他金钱，毛澄每次回来都把钱一扔，说：“我连苏秦斗大的金印都看不上，哪里能看上这些小钱呢！”

原文

梁公实荐一士于李于麟，士欲以谢梁，曰：“吾有长生术，不惜为公授。”梁曰：“吾名在天地间，只恐盛着不了，安用长生！”

译文

梁公实曾经向李于麟推荐一个士人，这个士人想向他表示感谢，说：“我这里有长生不老的秘术，现在把它传授给你吧。”梁公实说：“我的名声在天地之间，恐怕这样的名声是天地装不下的，哪里需要什么长生不老啊！”

原文

高言成啸虎之风，豪举破涌山之浪。

译文

高尚的言论往往有虎啸的威风，豪侠的举动可以把拍山的大浪打破。

原文

襟怀贵疏朗，不宜太逞豪华；文字要雄奇，不宜故求寂寞。

译文

人的襟怀贵在开阔明朗，不应该过于卖弄豪华；作文写字需要雄伟的气魄，不应该刻意追求寂寥落寞。

原文

胸中无三万卷书，眼中无天下奇山川，未必能文。纵能，亦无豪杰语耳。

译文

要是胸中没有三万卷书的储藏，眼里没有天下神奇的山川，那么要想写出好文章是很难的。即使能写文章，也未必能有英雄豪杰的语言。

原文

山厨失斧，断之以剑。客至无枕，解琴自供。盥盆溃散，磬为注洗。盖不暖足，覆之以蓑。

译文

居住在简陋的山里，要是砍柴的斧头丢了，那么可以用剑来劈柴；客人来了没有枕头，可以解下琴来让他们枕着睡觉；洗漱的盆子坏了，就用石磬来当作脸盆用；被子没法暖脚，就盖上蓑衣。

原文

孟宗少游学，其母制十二幅被，以招贤士共卧，庶得闻君子之言。

译文

孟宗小的时候外出游学，他母亲为他缝制了十二幅大被子，这样就可以让那些贫穷的贤士来和他睡在一起，希望他能听到君子的好的教诲。

原文

张烟雾于海际，耀光景于河渚；乘天梁而浩荡，叩帝阍而延伫。

译文

烟雾把海天都遮蔽起来了，在河边的沙洲上闪耀着光景，乘着天梁驰骋于浩荡的天宇，叩响天门，在外面等待着天门的大开。

原文

声誉可尽，江天不可尽；丹青可穷，山色不可穷。

译文

凡尘的声誉是可以穷尽的，但是江水和天空是没有尽头的；丹青是可以穷尽的，但是山色是没办法穷尽的。

原文

闻秋空鹤唳[①]，令人逸骨仙仙；看海上龙腾，觉我壮心勃勃。

注释

①鹤唳：仙鹤的鸣叫声。

译文

在秋天，听到空中传来鹤的鸣叫声，顿时让人感觉到身体轻飘飘的，骨头也轻了，有一种飘飘欲仙的感觉；看到海上波涛汹涌，就会让我感觉到精神振奋，雄心勃勃。

原文

明月在天，秋声在树，珠箔卷啸倚高楼；苍苔在地，春酒在壶，玉山颓醉眠芳草。

译文

明月悬挂在天上，秋虫在树梢上鸣叫，把珠子穿成的帘子卷起来，倚在高楼上放声高唱；绿色的青苔把大地都覆盖上了，在壶里装上春天的美酒，像玉山那样醉卧在芳草丛里。

原文

胸中自是奇，乘风破浪，平吞万顷苍茫；脚底由来阔，历险穷幽，飞度千寻杳霭。

译文

胸中自然清奇，乘风破浪，可以把万顷苍茫的大地吞并了；脚底下一直都很宽阔，历尽艰辛，把幽静的地方都探索遍，可以飞跃千里的杳霭烟霞。

原文

办大事者，匪①独以意气胜，盖亦其智略绝也，故负气雄行②，力足以折公侯，出奇制算，事足以骇耳目。如此人者，俱千古矣。嗟嗟③！今世徒虚语耳。

注释

①匪：不是，表示否定。②负气雄行：这里指豪爽的义气，勇猛的行为。③嗟嗟：感叹词。

译文

能够成就大事业的人，他们之所以能够取胜并不只是靠着内心的一股豪气，大概也是和他们高深的智慧分不开吧。所以豪爽的义气，勇猛的行为，靠这些就足可以让那些王侯贵族欣赏了；做事能够出奇制胜，计谋没有任何失误，干的事业骇人听闻，像这样的英雄豪杰已经再也看不到了。唉！当世之人只不过传有虚名罢了。

原文

身许为知己死，一剑夷门[1]，到今侠骨香仍古；腰不为督邮折，五斗彭泽[2]，从古高风清至今。

注释

①一剑夷门：战国魏都大梁夷门小官侯生，为报信陵君的知遇之恩，献计窃符救赵，行军前自刎。②五斗彭泽：指彭泽县令陶渊明不为五斗米折腰之事。

译文

士为知己而死，侯生一剑自刎结束了自己的生命，血洒夷门，他的侠骨之香到现在还很浓烈；不因为五斗米向督邮折腰，谄媚于达官，彭泽令陶渊明的高风亮节，直到今天还在流传。

原文

壮志愤懑难消，高人[1]情深一往。

注释

①高人：指志趣高远的人。

译文

凌云壮志，难以消除内心里的愤懑；高人逸事，一如既往情深似海。

原文

先达[1]笑弹冠，休向侯门轻曳裾[2]；相知犹按剑，莫从世路暗投珠。

注释

①先达：指志趣高远的前辈。②曳裾：这里指为王侯效命。

译文

那些志趣高远的前辈对那些弹着帽子想出仕做官的人嘲笑不已，千万不要轻易到王侯的门前来求取俸禄，为他们奔走效命；相知的朋友还要按剑规劝，千万不要在仕途这条路上明珠暗投。

精彩点拨

“天生我材必有用”是贯穿全卷的主题思想，作者把《豪》分为几个方面进行描写，如不丢弃志向、一心追求的豪气，豁达大度、豪放不羁的豪气，胸怀天下、气壮山河的豪气，傲视贵族、鄙夷王公的豪气，征战疆场、建功立业的豪气，大义凛然、独孤求败的豪气，蔑视权位、视金钱为浮云的豪气，义薄云天、拔刀相助的豪气。读来被这些豪侠的壮举所感动，使我们倍受鼓舞。

阅读积累

苏秦

苏秦（？—前284），字季子，雒邑（今河南省洛阳市）人。战国时期著名的纵横家、外交家、谋略家。苏秦早年投入鬼谷子门下，学习纵横之术。学成后游历多国，穷困潦倒，无功而返。随后，刻苦攻读《阴符》，后游说韩、赵、魏、楚、燕、齐六国，合纵抗秦。佩六国相印，权倾一时，地位显赫。苏秦通过对天下大势的正确分析，动之以情、诱之以利，以合作共赢的策略进行活动。其游说方法和技巧对现代人仍有积极的借鉴作用。苏秦著有《苏子》31篇，收录于《汉书·艺文志》，已散佚。《战国纵横家书》中存有其游说辞及书信16篇，其中11篇不见于现存传世之古籍。

卷十一　法

精彩导读

《法》是《小窗幽记》中的第十一卷散文。作者采用对比与反问手法，开卷通过僧人和道学先生的装束，提出德与非德的问题，说明写法的原因。这里的法不是讲法治，而是讲法度，即如何把握为人处世的分寸，由此体现出辩证统一的思想。

原文

自方袍幅巾之态①，遍满天下，而超脱颖绝之士，遂以同污合流矫之，而世道不古矣。夫迂腐者，既泥于法，而超脱者，又越于法，然则士君子亦不偏不倚，期无所泥越则已②矣，何必方袍幅巾，作此迂态③耶？集法第十一。

注释

①方袍：僧袍。幅巾：用整幅绢做成的束发的方巾。②则已：语气词，罢了。③迂态：迂腐的样子。

译文

自从那些穿着僧袍，束着方巾的道学先生的打扮在社会上流行起来之后，那些超凡脱俗、聪明绝顶的士人就逐渐地同流合污了，而且世道也越来越衰微了，人心已经发生了很大的改变。那些迂腐的人还是被传统的礼法所束缚着，而那些超脱的人又反过来破坏这礼法，既然这样，那么那些真正的有道德的人做到不偏不倚，期望无所拘束，不要逾越礼法的束缚就可以了，为什么还要穿着僧袍、束着方巾，一派世俗的打扮呢？这样做难道不是很迂腐吗？于是编撰了第十一卷《法》。

原文

一心可以交万友，二心不可以交一友。

译文

做人只要一心一意就能有成千上万的朋友；要是三心二意的话，那么就会连一个朋友都交不上。

原文

凡事留不尽之意则机圆①，凡物留不尽之意②则用裕，凡情留不尽之意则味深，凡言留不尽之意则致③远，凡兴留不尽之意则趣多，凡才留不尽之意则神满。

注释

①机圆：机巧圆满。②不尽之意：这里是指余地。③致：达到。

译文

只要做事的时候给自己留出足够的退路，那么就会机巧圆满；只要在用东西的时候留下足够的余地，那么就会宽裕很多；对于情感也是这样的，只要留下足够的余地，那么感情就会意味深长；说话也是这样的，要是在说话的时候为自己留有余地的话，就会达到长久的目标；对于兴致也是这样的，要是留下足够余地的话，就会得到无穷的趣味；对于才智方面，要是留下足够余地的话，那么精神就会永远处于饱满的状态。

原文

有世法，有世缘，有世情。缘非①情，则易断；情非法，则易流②。世多理所难必之事，莫执③宋人道学；世多情所难通之事，莫说晋人风流。

注释

①非：这里指不按照的意思。②流：这里是指流俗。③执：偏执。

译文

人间有世俗的法则，也有世事因缘，有世态人情。要是世事因缘不符合世事人情的话，人和人之间就会出现断交的情况；要是世事人情不符合世俗法则的话，人就容易流于世俗，变得放纵。世界上存在着很多难以按照常理去做的事情，所以不要被宋朝人的理学规范束缚了；世界上有很多事情是难以按照性情行得通的，所以对于晋朝的风流闲谈没有必要去效仿。

原文

少年人要心忙，忙则摄[①]浮气；老年人要心闲，闲则乐[②]余年。

注释

①摄：收敛。②乐：以……为乐。

译文

少年人一定要忙碌起来，只要心忙起来才会使浮躁的心气得到收敛；老年人的心一定要足够闲适，只有做到内心闲适才能够安享晚年。

原文

晋人清谈，宋人理学，以晋人遗俗[①]，以宋人禔躬[②]，合之双美，分之两伤也。

注释

①遣俗：排遣世俗。②禔躬：安身立命。

译文

晋朝的人都崇尚闲谈，宋朝的人讲求理学，要是能够用晋人的清谈来排遣世俗，用宋人的理学来安身立命的话，即把这两者有机地结合在一起的话，那么就会收到意想不到的好效果，要是分开来只谈一方面的话就会两败俱伤，没有好的结果。

原文

忙处事为，常向闲中先检点；动[1]时念想，预从静里密[2]操持。

注释

①动：行动。②密：严格。

译文

在忙碌的时候做的事情，一定要在闲下来的时候再仔细地去想一想，首先要自我检点；在行动的时候出现的念头和想法，一定要在清静的时候严格地去办。

原文

以积货财[1]之心积学问，以求[2]功名之念求道德，以爱子女之心爱父母，以保爵位之策保国家。

注释

①货财：财富。②求：追求。

译文

像积累财富那样去积累学问，向追求功名那么热烈地去追求道德，像对待自己的妻子儿女一样去孝敬自己的父母，像为了保全自己的爵位一样处心积虑地去保卫国家。

原文

何以下达[1]，惟有饰非；何以上达，无如[2]改过。

注释

①达：通达。②无如：不如。

译文

小人为何只能做成小事呢？因为他们只是掩饰自己的过错；君子是怎么成就大事的呢？因为他们能不断改正自己的过错。

原文

一点不忍的念头，是生民生[①]物之根芽；一段不为[②]的气象，是撑天撑地之柱石。

注释

①生：使……生。②不为：指道家的清静无为的思想。

译文

有一丝不忍的念头，足以能够使人民得到教化，万物得到生长的根芽；至于那清静无为的气象，是可以作为顶天立地、经邦济世的柱石的。

原文

不可乘[①]喜而轻诺，不可因醉而生嗔[②]；不可乘快而多事，不可因倦而鲜[③]终。

注释

①乘：趁着。②嗔：嗔怪，生气。③鲜：不能。

译文

做人不应该在高兴的时候轻易向别人许诺什么，也不可以因为喝醉了而生气；不可以因为非常欢快就滋生事端，不能因为疲倦的原因而使办事情有始无终。

原文

意防虑如拨，口防言如遏[①]，身防染[②]如夺，行防过如割。

注释

①遏：洪流。②染：污染。

译文

防止在意念方面的乱想就好像拨动山脉一样，防止胡乱说话就好像防止洪流一样谨慎，防止身体不受到污染就好像防止被夺去生命一样小心谨慎，对于自己的行为，防止出现过失一定要像从身上割肉一样小心翼翼。

原文

白沙在泥，与之俱[①]黑，渐染之习久矣；他山之石，可以攻[②]玉，切磋之力大焉。

注释

①俱：都。②攻：打磨。

译文

白色的沙粒掉到泥潭里面去了，会和泥巴一起变成黑色，这是白沙长期受到泥巴的浸染的缘故；他山的石头，可以拿来打磨玉石，这是石头对玉石整天切磨的缘故。

原文

礼义廉耻，可以律己，不可以绳[①]人。律己则寡[②]过，绳人则寡合。

注释

①绳：约束，准绳。②寡：很少。

译文

至于礼义廉耻这些东西是用来约束自己的，不是拿来约束别人的。要是拿这些东西来约束自己的话，自己就会少犯错误；要是拿这些教条来约束别人的话，就不能和别人搞好团结。

原文

凡事韬晦[①]，不独益己，抑且[②]益人；凡事表暴[③]，不独损人，抑且损己。

注释

①韬晦：韬光养晦。②抑且：而且。③表暴：表露。

译文

凡事都要学会韬光养晦，这样做不仅对自己有好处，对别人也是有好处的；要是每件事情都要去张狂表露，急于展示自己的话，受到伤害的不仅仅是别人，还有自己。

原文

觉人之诈[①]，不形[②]于言；受人之侮，不动[③]于色。此中有无穷意味，亦有无穷受用。

注释

①诈：欺骗。②形：表现。③动：表现。

译文

知道别人在欺诈自己却不说出来，遭受到别人的侮辱却不表露在脸上，这中间的意味是非常多的，而且会对自己的一生产生深远的影响。

原文

爵位不宜太盛，太盛①则危；能事不宜尽毕②，尽毕则衰。

注释

①盛：显赫。②毕：完毕。

译文

官职不应该过于显赫，要是太显赫的话就会有危险出现；对于自己擅长的事情也不应该穷尽力量去做，要是什么事情都要穷尽力量去做的话就会使自己走向衰落。

原文

遇故旧之交，意气要愈[1]新；处隐微[2]之事，心迹[3]宜愈显；待衰朽之人，恩礼要愈隆。

注释

①愈：更加。②隐微：隐秘微小。③心迹：心思和形迹。

译文

要是遇到自己以前的好朋友，彼此之间的情感和意气就会更加新鲜；处理隐秘微小的事情，自己的心思和形迹一定要更加明显；对待那些年老衰弱的人所用的恩惠和礼仪一定要更为隆重。

原文

忧勤是美德，太苦[1]则无以适性怡情；澹泊[2]是高风，太枯[3]则无以济人利物。

注释

①苦：辛苦。②澹泊：清静淡泊。③枯：枯燥。

译文

忧心勤劳是一种美德，但是做人过于辛苦的话，就没办法使自己的情操和性情得到陶冶；清静淡泊是一种高尚的品德，要是太过于枯燥的话就没办法去帮助别人，对做事也不利。

原文

做人要脱俗，不可存一矫俗[1]之心；应世要随时，不可起一趋时[2]之念。

注释

①矫俗：矫正世俗。②趋时：奉迎世俗。

译文

做人一定要超凡脱俗，但是不要想着去矫正世俗，为人处世一定要适宜当时的潮流，但不要生出什么奉迎世俗的念头。

原文

从师延[1]名士，鲜垂教[2]之实益；为徒攀高第，少受诲之真心。

注释

①延：延请。②垂教：亲自教导。

译文

请名流来做自己的老师，很少能够得到他亲自来教诲的益处；为了攀上高门大族做了人家的弟子，这些人很少有接受教育的真诚的用心。

原文

才人国士，既负[1]不群之才，定负不羁之行[2]，是以才稍压众则忌心生，行稍违时[3]则侧目至。死后声名，空誉墓中之骸骨；穷途潦倒，谁怜宫外之蛾眉？

注释

①负：拥有。②不羁之行：行为豪放不加以约束。③违时：不合世俗。

译文

作为国家的栋梁之才，既然自身有很多超过一般人优秀的才能，那么他们的行为也一定是豪放不羁的，因此，只要才能超过众人，那么别人就会猜忌他们，只要其行为稍微不合世俗，那么众人一定会对他侧目而视。这些人死后的名声，对于那些在坟墓中已经开始腐朽的肉体来说是徒有虚名；如果一旦到了穷途末路、年老色衰的时候，谁还会可怜那些被赶出宫来的美人呢？

原文

贵人之交贫士也，骄色[①]易露；贫士之交贵人也，傲骨当存。

注释

①骄色：骄傲的神情。

译文

富贵的人和贫寒的人相来往，容易显露示出骄傲的神色；贫寒的人和性情高贵的人相交往，应该在内心里存有一份傲骨。

原文

君子处事，宁人负[①]己，己无[②]负人；小人处事，宁己负人，无人负己。

注释

①负：辜负。②无：不要。

译文

君子为人处世，宁可别人辜负自己，也不要自己辜负别人；小人为人处世，宁可让自己辜负别人，也不愿意自己被别人辜负了。

原文

要治世，半部《论语》；要出世，一卷《南华》[①]。

注释

①《南华》：指《南华真经》，即《庄子》。

译文

要治理国家只要半部《论语》就足够了；要想出世修道，一卷《南华》就足够了。

原文

求见①知于人世易，求真知②于自己难；求粉饰③于耳目易，求无愧于隐微难。

注释

①见：被。②知：了解。③粉饰：掩盖。

译文

要想被世人知道是很容易的一件事情，但是想真正了解自己是很难的一件事情；要想掩盖自己的过错，遮掩别人的耳目是很容易的一件事情，但是要想做到每件小事都问心无愧却是很难的一件事情。

原文

与其巧持①于末，不若拙②戒于初。

注释

①巧持：逞巧卖能。②拙：愚拙。

译文

与其在事情快要结束的时候才开始卖弄自己的才能和小聪明，倒不如在事情刚刚开始的时候就告诫自己切忌愚拙。

原文

君子有三惜：此生不学，一可惜；此日闲过①，二可惜；此身一败，三可惜。

注释

①过：度过。

译文

君子有三件事最值得可惜：其一是这一辈子不学习；第二是今天碌碌无为虚度日子了；第三是这辈子一败涂地。

原文

昼观诸妻子①，夜卜诸梦寐②。两者无愧，始可言学。

注释

①妻子：这里指妻子和儿女。②梦寐：指梦。

译文

白天里通过妻子儿女的反应来观察，晚上通过对照梦中的言行来观察。用这两种方式来检点自己，要是都问心无愧的话，才能开始修身学习。

原文

士大夫三日不读书，则礼义不交，便觉面目可憎，语言无味①。

注释

①无味：缺少生机。

译文

士大夫要是三天不读书的话，在和世人交往的时候就不能严格按照礼仪规范来做了，会觉得自己面目可憎，言语缺少生气。

原文

与其密面[①]交，不若亲谅友[②]；与其施新恩，不若还旧债。

注释

①密面：表面上亲热。②谅友：正直诚实的朋友。

译文

同那些在表面上和自己很亲密的人交往，不如同为人正直诚实的人相交往；与其施舍给别人新的恩惠，不如偿还旧的债务。

原文

士人所贵，节行[①]为大。轩冕[②]失之，有时而复来；节行失之，终身不可得矣。

注释

①节行：气节操守。②轩冕：官爵和禄位。

译文

士人最可宝贵的是气节操守。要是失去了官爵和禄位，还可以再得到；但是气节操守一旦失去了，这一辈子也不可能再找回来。

原文

势不可倚尽[1]，言不可道[2]尽，福不可享尽，事不可处尽，意味偏长。

注释

①尽：完结。②道：说。

译文

权势不可以长期依仗着，话不可以都说完，幸福不可以享尽，事情也不可以做绝，这几句短短的话，真是意味深长，耐人寻味。

原文

静坐然后知平日之气浮[1]，守默[2]然后知平日之言躁，省事然后知平日之费闲，闭户然后知平日之交滥，寡欲然后知平日之病[3]多，近情然后知平日之念刻。

注释

①气浮：心气浮躁。②守默：这里指沉默。③病：这里指毛病。

译文

只有安然静坐的时候才知道自己平时心气浮躁；只有闭口不说话的时候，才知道自己在平时的时候说话是多么焦躁；在反省事情的时候，才知道自己在平日里是怎样煞费苦心的；在闭门谢客的时候，才知道自己在平日里的交往过于泛滥了；当自己真的能够做到清心寡欲的时候，才明白平时坏毛病太多；接近人情的时候，才知道自己在平日里存在着刻薄的念头。

原文

喜时之言多失信[1]，怒时之言多失体[2]。

注释

①信：信用。②体：得体。

译文

在高兴的时候人说的话大多数是不可信的，在生气的时候人说的话是很不得体的。

原文

泛交则多费[1]，多费则多营[2]，多营则多求，多求则多辱[3]。

注释

①费：花费。②营：经营。③辱：侮辱。

译文

要是交朋友过于广泛的话，那么平时的花费就会很多；要是花费过多的话，就需要多方经营；要是多方经营的话，就会不得不多方追求；要是不得不多方追求的话，就会受到屈辱。

原文

正以处心，廉以律己，忠以事君，恭以事长[1]，信以接物，宽以待下，敬以洽事[2]，此居官之七要[3]也。

注释

①长：长辈。②洽事：从事政务。③要：要义。

译文

努力让自己做到公正，要求自己廉洁，侍奉君主一定要做到忠诚，对待长辈要做到恭敬，待人接物一定要守信用，对待下属一定要做到宽厚，从事政务一定要做到敬爱自己的工作，这是做官的七条重要的准则。

原文

圣人[1]成大事业者，从战战兢兢之小心来。

注释

①圣人：圣明的人。

译文

圣明的人之所以能够成就大事业，是因为他们一开始就能做到兢兢业业，谨慎小心。

原文

酒入舌出，舌出言[1]失，言失身弃[2]。余以为弃身，不如弃酒。

注释

①言：所说的话。②弃：放弃。

译文

把酒喝进口中，往往把舌头伸出来；舌头一伸出来，说话往往就不得体；说话一不得体，自身就被人所不屑了，所以我认为与其抛弃自身还不如戒酒。

原文

青天白日，和风庆云，不特[1]人多喜色，即鸟鹊且有好音[2]。若暴风怒雨，疾雷幽电，鸟亦投林，人皆闭户。故君子以太和元气[3]为主。

注释

①特：只，仅仅。②好音：好的叫声。③太和元气：指冲和之气。

译文

风和日丽，风和云祥，不仅使人喜笑颜开非常快乐，就连喜鹊也都叫得格外开心；如果遇上的是暴风怒雨，雷电交加，喜鹊都躲进树林里，人们也都关上窗户。因此君子一定要保持一份冲和之气。

原文

胸中落①意气两字，则交游定不得力；落骚雅二字，则读书定不得深心②。

注释

①落：失去。②深心：深入内心。

译文

人的胸中要是缺少“意气”这两个字，那么在交游的时候一定不会得心应手；没有“骚雅”这两个字的话，那么即使读书也不会深入人的内心。

原文

坦易①其心胸，率真其笑语，疏野②其礼数，简少其交游。

注释

①坦易：坦荡简单。②疏野：使变得淳朴自然。

译文

为人处世，就要让自己内心坦荡没有什么私心，使自己的欢笑保持一份天真，使礼教变得淳朴自然，尽量减少交游的事情。

原文

好丑不可太明，议论不可务[①]尽，情势不可殚竭[②]，好恶不可骤[③]施。

注释

①务：一定。②殚竭：穷尽。③骤：马上。

译文

对于美丑不可以过于分明，对于别人的议论不能说得过于绝对，对于事情不能没有任何余地，对于事物的好恶不能马上就表现出来。

原文

开口讥诮人，是轻薄第一件[①]，不惟丧德，亦足丧身。

注释

①第一件：最大的事。

译文

张嘴讥笑别人，这是一件非常轻薄的事情，不仅会丧失道德，也可能会因为这件事导致家破人亡。

原文

我能容人，人在我范围，报[①]之在我，不报在我；人若容我，我在人范围，不报不知，报之不知。自重者然后人重[2]，人轻者由我自轻[3]。

注释

①报：报答。②重：尊重。③轻：轻视。

译文

我能宽容别人的话，那么这个人就在我的范围之内了，不管报答不报答他，完全在于我自己；要是别人宽容了我，那么我就在别人的范围之内了，不报答别人，别人可能不知道，即使报答别人，别人可能也不知道。因此，可以看出来，自己尊重自己的人，别人往往也会尊重他们，别人轻视自己，往往是由于自己先轻视自己。

原文

高明性多疏脱[1]，须学精严；狷介[2]常苦迂拘，当思圆转[3]。

注释

①疏脱：性情疏朗、放荡不羁的人。②狷介：这里指孤傲耿直的人。③圆转：思想活跃，学会变通。

译文

见识高远的人大多是性情疏朗、放荡不羁的，这些人必须学会精细严谨的作风；孤傲耿直的人常常受到迂腐的礼教的束缚，这样的人一定要学会思想活跃，学会变通。

原文

欲做精金美玉的人品，定从烈火锻来；思立揭地掀天[1]的事功，须向薄冰履过。

注释

①揭地掀天：这里指惊天动地。

译文

要想使自己的人品像精金美玉一般，一定要从烈火中锻造；要想建立一番惊天动地的功业，一定要有一种如履薄冰的畏惧的感觉。

原文

性[①]不可纵，怒不可留，语不可激，饮不可过[②]。

注释

①性：性情。②过：过量。

译文

不可以放纵自己的性情，不可以保留自己的怒气，说话不要过于偏激，饮酒不要过量。

原文

市[①]私恩，不如扶[②]公议；结新知，不如敦[③]旧好；立荣名，不如种隐德；尚奇节，不如谨庸行。

注释

①市：得到。②扶：扶助。③敦：加深。

译文

取得个人的恩惠，不如扶助那些公众都赞同的东西；结交新的朋友，还不如加深对老朋友的友谊；树立空虚的名声还不如建立别人看不见的功业；崇尚和别人不同的气节，还不如对自己平时的行为谨慎一些。

原文

老成人受病[1]，在作意步趋；少年人受病，在假意超脱。

注释

①受病：被别人指责。

译文

老年人容易犯的错误就是亦步亦趋不敢有所作为；年轻人容易犯的错误在于假装超脱世俗。

原文

为善[1]有表里始终之异，不过假好人；为恶无表里始终之异，倒是硬汉子。

注释

①为善：做好事。

译文

做好事如果不能表里如一、善始善终，不过是一个假好人；做坏事如果能表里如一、始终不变，倒是一条硬汉子。

原文

入心处咫尺玄门[1]，得意时千古快事[2]。

注释

①玄门：玄深的境界。②快事：快乐的事情。

译文

要是能够进入人的内心深处的话，距离高深的境界也就只有很短的距离了；要是处在得意会心的时候，就是千古以来最快乐的时候了。

原文

世间会[1]讨便宜人，必是吃过亏者。

注释

①会：善于。

译文

世上善于占小便宜的人，必定是吃过亏的人。

原文

天地俱不醒，落得昏沉醉梦；洪濛[1]率是客，枉[2]寻寥廓主人。

注释

①洪濛：指宇宙。②枉：白白的，徒然的。

译文

要是天地还是处于一片混混沌沌的状态下，那么就可以昏昏沉沉地睡去，酣然入梦了；宇宙中都是客人，没有必要再寻找宇宙的主人。

原文

老成人必典必[1]则，半步可规[2]；气闷人不吐不茹[3]，一时难对。

注释

①必：一定。②规：规则。③茹：这里是说出来的意思。

译文

老成持重的人一定会遵守典章规则，做事情都会循规蹈矩的；喜欢生闷气的人说话不吞不吐，含混不清，让人难以应付。

原文

重[1]友者，交时极难，看得难，以[2]故转重；轻友者，交时极易，看得易，以故转轻。

注释

①重：看重，重视。②以：表示原因。

译文

重视友情的人，这样的人在结交朋友的时候非常难，正因为他们把交朋友看成一件困难的事情，所以他们才重视友情；对于那些轻视友情的人来说，他们结交朋友非常容易，因为他们把交朋友看成一件很容易的事情，所以他们一旦得到友情就不会再重视。

原文

掩户[1]焚香，清福已具。如无福者，定生他想。更有福者，辅[2]以读书。

注释

①户：门。②辅：辅助。

译文

把门关上，点起香来，清福已经具备了。要是这个人是一个没有福分的人的话，他肯定会有其他的想法；要是这个人是一个想得到更多福分的人，他除了闭上门点上清香之外，还应该读点儿书。

原文

考人品，要在五伦[①]上见。此处得[②]，则小过不足疵；此处失，则众长不足录。

注释

①五伦：是指君臣、父子、兄弟、夫妇、朋友这五方面的伦理关系。②得：恰当，得体。

译文

考察一个人的人品，一定要从君臣、父子、兄弟、夫妇、朋友这五方面的伦理关系上入手。要是在五伦上礼仪得体的话，那么即使有一些小的过错，也算不上什么大毛病；要是在五伦上礼仪不恰当的话，即使这个人有很多的长处，那么也不值得任用。

原文

以无累[①]之神，合[②]有道之器，宫商[③]暂离，不可得已。

注释

①无累：没有牵累。②合：符合。③宫商：古代五乐的音阶，分别为宫、商、角、徵、羽。

译文

把没有可以牵累的精神和具体事物中所蕴含的抽象的道理相结合，即使像乐器所发出来的声音那样不准，也不能停下来。

原文

精神清旺[①]，境境都有会心；志气昏愚[②]，处处俱成梦幻。

注释

①清旺：清醒旺盛。②昏愚：昏庸愚钝。

译文

要是精神清爽旺盛的话，那么随时随地都能有会心的感觉；要是神志不清、昏沉愚钝的话，那么四处都如同梦幻一样。

原文

孟郊有句云："青山碾为尘，白日无闲人。"于鄴[①]云："白日若不落，红尘应更深。"又云："如逢幽隐处，似遇独醒人。"王维云："行到水穷处，坐看云起时。"又云："明月松间照，清泉石上流。"皎然[②]云："少时不见山，便觉无奇趣。"每一吟讽，逸思翩翩。

注释

①于邺：字武陵，很擅长写诗。②皎然：字清昼，湖州人，是著名的僧人。

译文

唐朝诗人孟郊有这样一句诗："青山碾为尘，白日无闲人。" 于邺也有一句诗说："白日若不落，红尘应更深。"他还说："如逢幽隐处，似遇独醒人。"王维有句诗说："行到水穷处，坐看云起时。"他还说："明月松间照，清泉石上流。"皎然也有这样的诗句："少时不见山，便觉无奇趣。"现在每次吟诵这样的诗句，都会将我闲适的思绪开启，让我浮想联翩。

精彩点拨

《法》从几个方面对如何把握为人处世做了深入的描述。提出交友要专一，正确处理多与专、满与缺、忙与闲、想与行、前与后、律己与绳人、低调与张扬、劳与逸、实与虚、穷与通等的关系，通过各种不同的事例，把少年、青年、老年、小人、君子、圣人等的交友之道加以总结与提炼，可谓逆耳忠言，苦口良药，细细品读，引人深思，启发人生。

阅读积累

《论语》

《论语》是儒家经典之一，内容涉及政治、教育、文学、哲学以及立身处世的道理等诸多方面。《论语》是孔门弟子集体智慧的结晶。主要编纂者有仲弓、子游、子夏、子贡，当时他们恐怕师道失传，便商议起草本书纪念老师。然后和少数留在鲁国的弟子再传弟子，记录了孔子及其弟子言行，从而编成这部语录体散文集，成书于战国前期。

全书共20篇492章，集中体现了孔子的政治主张、审美情趣、道德观念、伦理思想、教育原则等价值思想。

卷十二　倩

精彩导读

《倩》是《小窗幽记》中的第十二卷散文。作者开卷讲述了编撰《倩》的原因和目的。采用对比手法描写了美人的韵致、名花的情致、青山绿水的仪态，以及高雅隐士看待美妙东西的态度和所起到的作用。本卷的主题便是围绕《倩》这一美好的象征，把韵致、情致、仪态贯穿始终，使读者领略其风情、品味其韵味。

原文

倩[①]不可多得，美人有其韵，名花有其致，青山绿水有其丰标。外则山臞[②]韵士，当情景相会之时，偶[③]出一语，亦莫不尽其韵[④]，极其致，领略其丰标[⑤]。可以启[⑥]名花之笑，可以佐美人之歌，可以发山水之清音，而又何可多得！集倩第十二。

注释

①倩：含笑的样子，引申为妩媚、美妙。②山臞：用来形容隐士们萧疏清癯的样子。③偶：偶尔。④韵：风韵，神韵。⑤丰标：风姿，仪态。⑥启：开启，绽开。

译文

美妙的东西是不可以轻易得到的，美人有她自己独特的韵致，名花也有自己独特的情致，青山绿水也有独特的仪态。除此之外，还有那些隐居在山林深处的情致高雅的隐士，每当他们看到情景交融的时候，偶尔说出一句名言，就能够把其中的情韵、风致和仪态全部表达出来，并能够领略到其中的韵味。可以让名花绽开笑容，可以伴着美人的轻歌曼舞，可以使山水发出动人悦耳的音乐，这样的事真是难得啊！我于是编撰了第十二卷《倩》。

原文

会心处，自有濠濮间想[①]，然可亲人鱼鸟；偃卧[②]时，便是羲皇[③]上人，何必秋月凉风？

注释

①会心：心领神会。出自《世说新语·言语》："会心处不必在远，翳然临水，便自有濠濮间想，觉鸟兽禽人，自来亲人。"濠濮：这里指天地人生。②偃卧：仰面闲卧。③羲皇：这里指上古时代。

译文

能够让人会心的地方，一定会生发对天地人生的玄想，然后就可以与鸟兽禽鱼相亲近了；扬起脸来闲适地躺下的时候，那么便像上古时代的人们一样恬静闲适了，何必非要有皎洁的秋月与和爽的凉风呢？

原文

一轩[①]明月，花影参差[②]，席地便宜[③]小酌；十里青山，鸟声断续，寻春几度长吟[④]。

注释

①轩：轮。②参差：长短不齐。③便宜：适合，适宜。④长吟：指鸟长时间鸣叫。

译文

一轮皎洁的月亮当空悬挂，在花园里投下一院子的参差的花影，把地当席坐在上面，非常适合对着月亮和人饮酒；十里青山郁郁葱葱，各种鸟儿欢唱，鸟的鸣叫声断断续续地传来，在这种情景下去踏青寻春，几度长吟不绝。

原文

入山采药，临水[①]捕鱼，绿树阴中鸟道[②]；扫石弹琴，卷帘[③]看鹤，白云深处人家。

注释

①临水：在水边。②鸟道：这里指狭窄的道路。③卷帘：卷起窗帘。

译文

到山中去采药，到水边去捕鱼，被绿树环绕掩映的山路蜿蜒曲折，就像是鸟道一般狭窄；打扫一块石头，在上面抚琴而弹，卷起帘子来看院子里养的白鹤，白云深处的人家的生活是如此幽雅闲适啊！

原文

南涧科头①，可任半帘明月；北窗坦腹②，还须一榻清风。

注释

①科头：扎起头发。②坦腹：袒露着肚子。

译文

在南涧中扎起头发，不戴帽子也不用巾帻束着头发，可以任由半帘明月照着；在北窗下露着肚子睡大觉，还要有清风吹拂着。

原文

披帙①横风榻，邀棋②坐雨窗。

注释

①披帙：开卷读书。②邀棋：邀请别人下棋。

译文

在风吹拂的床榻上横躺着开卷读书，邀请别人相对坐在雨中的床前下着棋。

原文

绿染林皋[1]，红销[2]溪水。

注释

①皋：水边的高地。②销：染遍。

译文

春天的时候，浓浓的绿色把山林和水边的高地都染遍了，落花把山间的溪水都染成了红色。

原文

有客到柴门[1]，清尊[2]开江上之月；无人剪蒿径[3]，孤榻对雨中之山。

注释

①柴门：篱笆门，这里借指寒舍。②尊：酒樽。③蒿径：荒芜的小路。

译文

有朋友到我的寒舍来做客，将清酒倒进酒樽里，与江上的月光相互映照；山间的小路由于没有人收拾变得荒芜了，夜晚，我孤零零地躺在床榻上，面对着远处雨中的山峰，久久不能入睡。

原文

恨[1]留山鸟，啼百卉之春红；愁寄陇云[2]，锁四天之暮碧。

注释

①恨：怨恨。②陇云：陇上的行云。

译文

山鸟的心头凝聚着怨恨，它悲惨地啼叫着，唤醒了百花，让它们在春天吐艳盛开；陇上的行云被寄托着哀愁，把天空的暮色的苍茫深深地锁住了。

原文

双杵茶烟，具载陆君之灶①；半床松月，且窥扬子之书②。

注释

①陆君之灶：茶圣陆羽的茶灶，这里指陆羽所创造的茶具二十四器。②扬子之书：西汉文学家扬雄所编著的书，代表作有《太玄》《法言》。

译文

一对杵臼茶烟笼罩，陆羽所创造的茶具二十四器全部都被陈列着；半床都被明月映照着，姑且看看扬雄所编著的玄妙之书。

原文

寻雪后之梅，几忙①骚客；访霜前之菊，颇惬②幽人。

注释

①忙：使……忙。②惬：使……惬意。

译文

寻找雪后开的梅花，使骚客忙碌坏了；求访在下霜之前开的菊花，这件事情很值得隐士们高兴。

原文

晨起推窗，红雨乱飞，闲花笑也；绿树有声，闲鸟啼也；烟岚[①]灭没，闲云度也；藻荇[②]可数，闲池静也；风细帘青，林空月印，闲庭峭也。山扉昼扃，而剥啄每多闲侣；帖括因人，而几案每多闲编。绣佛长斋，禅心释谛[③]，而念多闲想，语多闲词。闲中滋味，洵[④]足乐也。

注释

①烟岚：山间升起的烟雾。②藻荇：一种水草。③释：解释，阐释。谛：其中的道理。④洵：差不多。

译文

早晨起来我推开窗户，外面被花瓣映红的雨纷纷飞舞，花朵娴静地随风微笑；翠绿的树上传出来声音，原来是悠闲的鸟儿的啼叫声；山间升腾的烟雾散尽了，只有悠闲的云朵飘来荡去；漂荡在水上的水草寥寥无几，几乎能数得过来，这是水池寂静的缘故；微风徐徐吹来，透过帘子能看到青翠的景致，树林空寂留下月亮的踪迹，空旷的院子也显得更加严峻。山门白天就关上了，叩门拜访的人多是悠闲的同伴；科举应试的文章虽然因人而异，但几案上摆着的也多是风雅的闲书。书斋中挂着佛的绣像，禅心在阐释着其中的道理，而心里的念头多是悠闲的想法，语言多是悠闲的词句。这悠闲生活的滋味，确实称得上快乐了。

原文

水流云在，想子美[①]千载高标；月到风来，忆尧夫[②]一时雅致。何以消天下之清风朗月，酒盏诗筒；何以谢人间之覆雨翻云，闭门高卧。

注释

①子美：即唐代伟大的诗人杜甫，字子美，后代人尊奉他为“诗圣”。②尧夫：指北宋理学家邵雍，字尧夫，曾据《易经》创设先天学，所留下的著作有《皇极经世书》《尹川击壤集》。

译文

水静静地流淌着，天上的白云悠闲地飘荡在天边，让人不禁遥想起诗圣杜甫为后人所树立的千古表率；月亮出来了，清风徐来，让人不禁追忆起故去的邵雍先生一时的雅致。怎样才能享受人间的清风朗月，只有饮酒作诗；怎样才能谢绝人间变化莫测的险恶境界，只有关起门来躺着不问世事。

原文

雨中连榻，花下飞觞[①]。进艇长波，散发弄月。紫箫玉笛，飒[②]起中流。白露可餐，天河在袖。

注释

①飞觞：指酒杯交错畅饮。②飒：忽然。

译文

在雨中摆下连榻或坐或卧，在花树下面摆下酒席，大家纷纷举起酒杯欢快畅饮。驾起了快艇逐开波浪在水上嬉戏，到了兴致高的时候，索性披散着头发一边高吟着诗歌一边赏着天上皎洁的月亮。从中流忽然传来紫箫玉笛的优美的旋律，让人顿时感到心旷神怡，精神舒爽，内心里有一种飘飘欲仙的感觉。洁白的露珠可以直接取来喝，吹拂着人的和煦的春风好像可以拿来吃了，连远在天上悬挂着的银河似乎也可以装进袖子里了。

原文

午夜箕踞[①]松下，依依皎月，时来亲人[②]，亦复快然[③]自适。

注释

①箕踞：盘腿闲坐。②亲人：这里指月亮和人亲近。③快然：指欢乐畅快的样子。

译文

在夜深人静的午夜盘着腿坐在高大的松树下面，多情的皎洁的明月不时地来和人亲近，这些事情也足够使人感到快乐和无限惬意。

原文

云霞争变①，风雨横天②，终日静坐，清风洒然③。

注释

①争变：竞相变幻。②横天：从高高的天上降落。③洒然：洒脱，舒畅。

译文

天空中的云霞相互之间争着变幻，风雨交加，大雨从高高的天上降落下来。就这样看着自然的景物，整天静静地坐着，使自己的内心变得澄澈，思虑变得纯净，顿时使人觉得清风吹在身上，非常洒脱、舒畅，让人心旷神怡。

原文

妙笛①至山水佳处，马上临风②，快作数弄③。

注释

①妙笛：这里指美妙的笛声。②临风：这里指在风中疾驰。③数弄：几曲。

译文

要想听美妙的笛声，应该到山清水秀的地方，在马背上迎风迅速地驰骋，趁着这股欢快的劲头吹上几曲美好的曲子。

原文

园花按时开放，因即其佳称①，待之以客。梅花索笑客，桃花销恨客，杏花倚云客，水仙凌波客，牡丹酣酒客，芍药占春客，萱草忘忧客，莲花禅社客，葵花丹心客，海棠昌州客，桂花青云客，菊花招隐客，兰花幽谷客，酴醾清叙客，蜡梅远寄客。须是身闲②，方可称为主人。

注释

①佳称：美妙的名称。②身闲：身心闲适。

译文

园子里的花按照时节，逐一开放，于是可以按照各种花卉的美好的名字邀请不同的客人来欣赏这些花；把梅花称为素笑客，把桃花叫作销恨客，杏花叫作倚云客，水仙叫作凌波客，牡丹叫作酣酒客，芍药叫作占春客，萱草叫作忘忧客，莲花叫作禅社客，葵花叫作丹心客，海棠叫作昌州客，桂花叫作青云客，菊花叫作招隐客，兰花叫作幽谷客，酴醾叫作清叙客，蜡梅叫作远寄客。要想观赏这些花一定要使身心放松，心无杂念，只有这样才能成为这些名花的主人。

原文

红寥[1]滩头，青林古岸，西风扑面，风雪打头，披蓑顶笠，执[2]竿烟水，俨然[3]在米芾《寒江独钓图》中。

注释

①红寥：一种水草，开淡红色的花。②执：拿着。③俨然：好像。

译文

在盛开着淡红色寥花的沙滩上，在青翠的古树遮掩下的古老的岸边，西风呼啸而来，疾风暴雨劈头盖脸地打来。这时候，披起蓑衣，戴上斗笠，手里拿上一杆钓鱼竿在烟波浩渺的寒江上垂钓，简直就像置身于宋代画家米芾所画的《寒江独钓图》中了。

原文

冯惟一[1]以杯酒自娱，酒酣即弹琵琶，弹罢[2]赋诗，诗成起舞。时人[3]爱其俊逸。

注释

①冯惟一：指冯吉，字惟一，是五代时在晋朝、周朝的官员。官至太常正卿，擅长写文章，尤其擅长草隶和琵琶，当时的人把他的琵琶、诗、舞称为“三绝”。②罢：结束。③时人：当时的人。

译文

冯惟一喜欢用喝酒的方式来使自己欢娱，喝酒喝得起劲的时候，他就弹起了琵琶，弹完了琵琶就开始作诗，作完一首诗他就翩翩起舞，当时的人都非常欣赏他洒脱的风度。

原文

风下松而合曲[①]，泉萦石而生文[②]。

注释

①合曲：合乎音律。②文：这里指河水粼粼的波纹。

译文

山风吹来经过高大的松树，发出了合乎音律的松涛的声音；清泉流经凹凸起伏的石头，呈现出粼粼的波纹。

原文

秋风解缆，极目芦苇，白露横江，情景凄绝。孤雁惊飞，秋色远近①，泊②舟卧听，沽酒呼卢③，一切尘事，都付秋水芦花。

注释

①远近：远处和近处的情景。②泊：停泊。③沽：买。呼卢：古代的一种赌博的方式。用木头制成黑白子。类似于现在的五子棋。

译文

天边吹来阵阵凉爽的秋风，解开拴船的缆绳，极目远眺，只看见芦花相互连成一片，绵延到了天边，洁白的露珠洒落在江面上，这一幕是很凄凉的。孤独的大雁受到了惊吓，扑棱着双翅高飞而去，远近呈现出一派秋天肃杀的情景，把船停泊在岸边，躺在船里听着江水发出的响亮的涛声。打来酒和客人一起喝酒，拿出呼卢玩起了博戏，一切身外的凡俗的事情都置之脑后，让它们随着秋水奔流到了远方，随着芦花飘荡着。

原文

设禅榻二，一自适①，一待朋。朋若未至，则悬之。敢曰："陈蕃之榻，悬待孺子②，长史之榻，专设休源③。"亦惟禅榻之侧，不容着俗人膝耳。诗魔酒颠，赖此榻祛醒。

注释

①适：使用。②孺子：指徐稚，字孺子。③休源：指南朝的孔休源，曾任晋安王长史。

译 文

在斋房里陈设两个禅榻，一个专归自己用，另一个用来招待其他的客人。要是没有朋友来，那么就挂起来。可以说："陈蕃的床榻是专门为徐稚准备的；长史的床榻是专门给孔休源准备的。"那么我的床榻的旁边是不允许凡夫俗子坐卧的。只允许那些诗魔、酒颠靠着这个床榻的旁边祛魔醒酒。

原 文

留连野水之烟[1]，澹[2]荡寒山之月。

注 释

①烟：烟雾。②澹：恬淡。

译 文

弥漫在原野流水上面的烟雾令人流连忘返，笼罩在清寒山峰上面的月光非常柔和、皎洁。

原 文

春夏之交，散行[1]麦野；秋冬之际，微醉稻场。欣看麦浪之翻银[2]，称翠直侵衣带；快睹稻香之覆[3]地，新醅欲溢尊罍[4]。每来得趣于庄村，宁去置身于草野。

注 释

①散行：漫步。②翻银：翻滚的银浪。③覆：笼罩。④尊罍：盛酒的器具。

译 文

在春夏之交的时候，漫步在一望无际的麦田上；在秋冬之际的时候，陶醉于打谷场上；非常欣慰地看到微风徐徐吹过后茂密的麦田中翻腾的醉人的麦浪，麦穗积聚的青翠的气息侵入了人的衣带；很高兴地看到被稻谷的芳香包裹的稻谷场，新酿造的浊酒的香气溢满了酒杯。每次来到乡下都能从此得到无限的乐趣，让人不禁生出一种抛开城市的喧嚣置身于草莽山野的愿望。

原文

羁客在云村①，蕉雨②点点，如奏笙竽，声极可爱。山人读《易》《礼》，斗后③骑鹤以至，不减闻《韶④》也。

注释

①云村：云雾缭绕的山村。②蕉雨：雨打芭蕉。③斗后：意思和方外差不多。④《韶》：传说是舜作的乐曲。

译文

旅居在外的游客行走于烟雾缭绕的乡村，雨点打在芭蕉叶上发出有节奏的响声，就好像有人在吹奏笙竽一样，声音好听极了。山中的隐士读完了《易经》《礼记》后，从方外骑着仙鹤飘然来到，这种境界比起听《韶乐》也差不了多少。

原文

阴①茂树，濯②寒泉，溯③冷风，宁不爽然洒然？

注释

①阴：这里指乘凉。②濯：洗浴。③溯：逆着。

译文

在茂密的树下乘凉，在很冷的寒泉中洗浴，逆着冷风前行，这难道不令人感到心清气爽，潇洒卓然吗？

原文

韵言一展卷间，恍坐冰壶而观龙藏①。

注释

①恍：仿佛。龙藏：佛经，相传大乘经典藏在龙宫，所以说龙藏。

译文

高雅的言论，展开一卷经书来阅读就可以看到，那种境界就好像坐在冰壶里面诵读经书一样让人惬意。

原文

赏花须结豪①友，观妓须结澹②友，登山须结逸③友，泛舟须结旷友，对月须结冷友，待雪须结艳友，捉④酒须结韵友。

注释

①豪：性情豪放。②澹：性情淡泊。③逸：隐逸。④捉：拿着。

译文

观赏名花的时候应该和性格豪爽的友人一起结伴而行；看歌伎唱歌的时候，应该和性情淡泊的人一起去；想去登山游览的时候，最好和性情高逸的朋友一起前行；想到江湖上去泛舟游玩，最好和心胸旷达的朋友一起前行；想吟风弄月的话，最好和为人冷峻的朋友一起；想去踏雪寻找梅花的话，应该带上文辞华美的朋友；端起酒杯来打算畅饮的话，应该和性情高雅的朋友一起。

原文

甘酒以待病客①，辣酒以待饮客②，苦酒以待豪客，淡酒以待清客③，浊酒以待俗客。

注释

①病客：这里指生病的客人。②饮客：善于饮酒的人。③清客：性情高雅的人。

译文

预备出甘甜的酒是用来招待生病的客人的，预备着辛辣的酒是用来招待善于饮酒的客人的，至于那苦涩的酒是用来招待豪放的客人的，性情高雅的客人适合拿清淡的酒来招待，至于世俗的人应该拿混浊的酒来招待。

原文

良夜风清，石床独坐，花香暗度[①]，松影参差。黄鹤楼可以不登，张怀民[②]可以不访，《满庭芳》可以不歌。

注释

①度：到达。②张怀民：名梦得，字怀民，清河（今河北清河）人。苏轼的朋友，元丰六年（1083）与苏轼同在黄州（今湖北黄冈），与苏轼有诗文唱和。

译文

在美好的夜晚，月亮非常白净，风也非常清新，独自一人坐在石榻上，空气中的阵阵花香暗暗袭来，高大的松树落下参差的松影，错落有致。这样美好的景致，即使是黄鹤楼那样的名胜也可以不去攀登，连张怀民那样的朋友也可以不去拜访，《满庭芳》那样的名词也可以不去歌唱。

原文

娟娟花露，晓湿芒鞋[①]；瑟瑟松风，凉生枕簟[②]。

注释

①芒鞋：草鞋。②簟：竹席。

译文

美丽的花丛间坠着晶莹的露珠，在清晨的时候，把挂在外面的草鞋打湿了；瑟瑟的松树丛中刮起了阵阵含着凉意的风，凉爽的气息把石枕竹席都浸透了。

原文

绿叶斜披，桃叶渡①头，一片弄残秋月；青帘高挂，杏花村②里，几回典却春衣。

注释

①桃叶渡：古代的渡口，在现在的南京秦淮河的边上，传说王献之曾在这里作歌送妾，后来泛指津渡。②杏花村：见于杜牧《清明》的诗中。

译文

绿叶斜斜地挂在树梢上，桃叶渡口一片残缺的凄冷的秋月悬挂在天空上；青色的竹帘高高地挂在门楣上，杏花村里有多少次典当了春天的衣衫呢？

原文

杨花飞入珠帘，脱巾洗砚；诗草吟成锦字，烧竹煎茶。良友①相聚，或解衣盘礴②，或分韵角险，顷之貌出青山，吟成丽句，从旁品题之，大是开心事。

注释

①良友：好朋友。②盘礴：盘起腿来坐着。

译文

飘舞的杨花飘进了珠帘里，用头巾把砚台擦拭，囊中的锦字吟咏成了诗篇，点上竹子烧水煮茶准备迎接客人。知心的朋友聚到一起，有的解开衣服盘起腿来坐着，随意地画着画，有的人拆开韵脚，比赛作诗，这些客人不一会儿就画出了山水画，也作出了好的诗句，然后他们又在一旁赏析题款，这样的事情的确是非常让人开心的。

原文

木枕傲[①]，石枕冷，瓦枕[②]粗，竹枕鸣。以藤为骨，以漆为肤，其背圆而滑，其额方而通。此蒙庄之蝶庵，华阳之睡几。

注释

①傲：使……孤傲。②瓦枕：陶制的枕头。

译文

长期枕着木枕会让人感到孤傲，石枕让人感到清凉，陶质的枕头让人感到粗糙，竹制的枕头睡起来会有声响。要是能够以藤萝作为骨架，用漆作为外表制作一个枕头，它的背面圆而光滑，它的两端方正并且通透。这样的枕头简直就是蒙人庄周梦蝶的去处，华阳隐士陶弘景的睡榻。

原文

小桥月上，仰盼星光，浮云往来，掩映于牛渚[①]之间，别是一种晚眺。

注释

①牛渚：山名，在现在的安徽当涂。

译文

小桥流水，一轮新月刚刚从天边升起，抬起头看天上漫天的星光闪烁，浮云在头顶上飘来荡去，掩映在牛渚山和长江之间，这种月夜远眺的意境真的与众不同。

原文

医俗病[①]莫如书，赠酒狂[②]莫如月。

注释

①俗病：庸俗。②酒狂：嗜酒如命的酒鬼。

译文

读书是医治庸俗的最好的办法，月亮是最好的赠给酒徒的礼物。

原文

明窗净几，好香苦茗，有时与高衲①谈禅；豆棚菜圃②，暖日和风，无事听友人说鬼。

注释

①高衲：道行很高的僧人。②菜圃：菜园。

译文

明亮的窗户干净的茶几，泡几壶好茶，有空的话就和高僧谈论禅道；豆棚菜园，风和日丽，无事的时候就听好朋友说说鬼怪的事情。

原文

花事乍开乍①落，月色乍阴乍晴，兴未阑②，踌躇③搔首；诗篇半拙半工，酒态半醒半醉，身方健，潦倒放怀。

注释

①乍：忽然。②阑：尽。③踌躇：坐卧不安的样子。

译文

花儿有时候开，有时候又败落了，月亮也是忽明忽暗的，余兴还没有完，这种事情让人抓头挠发的；做好的诗篇有的好有的很拙劣，喝过酒露出半醒半醉的神态，要是身体好的话，潦倒开怀也没有什么。

原文

佛经云："细烧沉水，毋[1]令见火。"此烧香三昧[2]语。

注释

①毋：不要。②三昧：事物的奥妙。

译文

佛经上说："用细火烧沉水香，不要见明火。"这句话深谙烧香的奥妙。

原文

出世之法，无如闭关。计一园手掌大，草木蒙茸，禽鱼往来，矮屋临水，展书匡坐，几于避秦，与人世隔。

译文

摆脱世俗的方法就是闭门谢客。开出来一个小小的园圃，种上萧疏的草木，让飞鸟在院里飞来飞去，让鱼在池水里游来游去，让低矮的茅屋门正对着溪水，打开一卷书专心读着，像《桃花源》中所描述的为躲避秦朝的战乱的人们一样，和外面的世界隔绝。

原文

幽居虽非绝世，而一切使令供具交游晤对[1]之事，似出世外。花为婢仆，鸟为笑谈；溪漱涧流代酒肴烹炼，书史作师保[2]，竹石质友朋；雨声云影，松风萝月，为一时豪兴之歌舞。情景固浓，然亦清趣。

注释

①晤对：会面。②师保：导师。

译文

隐居不等于与世隔绝，但是对于所有的使令、用具、交游、会面等事情，应该和世俗不一样。可以把花看成奴婢，可以和飞鸟进行交谈，可以把溪水和山涧中的流水当作美好的酒菜，把史书作为好的导师，把石头看作好朋友，把雨声、云影以及松竹萝月当作兴致起来时的歌舞，这样的情景看上去虽然很浓艳，但是确实增加了清雅的情趣。

原文

蓬窗夜启，月白于霜，渔火沙汀①，寒星如聚。忘却客子作楚，但欣②烟水留人。

注释

①沙汀：沙滩。②欣：欣慰。

译文

在夜晚的时候，把蓬门草舍的窗户打开，只看见窗子里透进来的皎洁的月光比秋霜还要白；沙洲上生起的点点的渔火，就好像是清寒的星光闪烁着参加一场聚会一样。看着这样的情景，早已把自己是客居楚地的游客的身份忘记了，只为这个地方的月色烟水让人难以忘记而感到无限欣慰。

原文

无欲者其言清①，无累者其言达②。口耳巽人，灵窍③忽启，故曰不为俗情所染，方能说法度人。

注释

①清：清淡。②达：通达。③灵窍：智慧。

译文

对于那些没有欲望的人，他们说的话往往是高洁的；没有压力的人说出来的话都是达观的；要是风神进入人的口耳中，人的灵窍就会突然被开启。可以这样说，人不被世俗所束缚，才能够讲说佛法，超脱于世间。

原文

临流晓坐[1]，欸乃[2]忽闻，山川之情，勃然[3]不禁。

注释

①坐：打坐。②欸乃：行船摇橹声。③勃然：一下子。

译文

靠着溪水在清晨的时候打坐，忽然传来行船摇橹的声音，于是山水的情怀于此而勃然生发了。

原文

舞罢缠头[1]何所赠，折得松钗；饮余酒债莫能偿，拾[2]来榆荚。

注释

①缠头：用来酬谢舞女的东西。②拾：摘下。

译文

歌舞结束了，不知道拿什么来作为相赠的缠头，只好从松树上折下一枝松枝当作钗来赠送；饮酒的时候，没法偿还酒债，只好从榆树上摘下榆荚来当作酒钱。

原文

午夜无人知处，明月催诗[1]；三春有客来时，香风散酒[2]。

注 释

①催诗：催发诗兴。②散酒：散发着酒香。

译 文

半夜的时候，去一个没人知道的地方，皎洁的明月，催发出了诗人的诗兴；春天的时候，有客人来拜访，吹来阵阵的和煦的风，空气里飘散着酒香。

原 文

如何清色界，一泓碧水含[1]空；那可断游踪，半砌青苔殢[2]雨。

注 释

①含：映照。②殢：引逗。

译 文

怎么才能使自己的色界得到清静呢，一泓碧绿的江水映照着蔚蓝的天空；怎么样才能把游踪断绝呢，半阶青苔引逗着春雨。

原 文

芒鞋甫挂[1]，忽想翠微之色，两足复绕山云；兰棹方[2]停，忽闻新涨之波，一叶仍飘烟水[3]。

注 释

①芒鞋：这里指草鞋。甫：刚刚。②方：刚刚。③烟水：烟波浩渺的水。

译 文

从外面游玩回来，刚把草鞋挂在墙上，脑海里又出现了山色的苍翠，于是又匆匆地穿上草鞋，穿行于山水缭绕、白云映照的山间；小船刚靠岸，忽然听到远处传来的波涛的声音，这叶扁舟又重新在烟波浩渺的水上漂荡了。

原文

龙女濯冰绡[①]，一带水痕寒不耐[②]；姮娥携宝药，半囊月魄影犹香。

注释

①冰绡：冰洁的手绢。②耐：忍耐，承受。

译文

龙女在水中洗洁白的丝绢，她带起来的水痕让人不忍看，让人耐不住这份清寒；嫦娥带着升天的神药，所以月光的影子还带着嫦娥身上的香气。

原文

石洞寻真[①]，绿玉[②]嵌乌藤之杖；苔矶[③]垂钓，红翎间白鹭之蓑。

注释

①真：指仙人。②绿玉：这里指晶莹的露珠。③苔矶：长满苔藓的台阶。

译文

到山洞中去寻找仙人的踪迹，乌藤手杖上挂满了晶莹的水珠；在长满了青苔的江边垂下鱼钩钓鱼，头上长着红色的翎羽的小鸟和白色的鹭鸶相互落在渔人的蓑衣上面。

原文

扁舟空载[①]，赢却[②]关津不税愁；孤杖深穿[③]，揽得烟云闲入梦。

注释

①载：载重。②赢却：胜过。③穿：这里指穿越山林。

译文

把一叶小舟空着，不装上任何东西，经过关卡渡口的时候，可以不用为纳税而忧愁；自己拄着一根拐杖，独自进入山林中，去探访烟云美景，揽着一份清闲进入梦乡。

原文

幽堂昼密[1]，清风忽来好伴；虚[2]窗夜朗，明月不减故人。

注释

①昼密：形容生机盎然的景象。②虚：半开着。

译文

白日生机盎然，厅堂显得十分幽静，忽然吹过一阵清风，仿佛是良伴来到身边；推开虚掩的窗子，看到夜色清朗，月光普照，就像老朋友一样，情意一点儿都没有减少。

原文

晓入梁王之苑[1]，雪满群山；夜登庾亮之楼[2]，月明千里。

注释

①梁王之苑：在现在的河南开封，是梁孝王所建的。②庾亮之楼：即庾公之楼，在现在的武昌。

译文

早上的时候到了梁王所建的囿苑中，只看见群山被一场大雪全部覆盖住了；夜晚的时候，我登上了庾亮建造的楼宇，看见了明月照射千里的壮阔的景色。

原文

名妓翻经，老僧酿酒，书生借箸[①]谈兵，介胄[②]登高作赋，羡他雅致偏增；屠门食素，狙侩[③]论文，厮养[④]盛服，领缘方外，束修怀刺，令我风流顿减。

注释

①箸：这里指剑。②介胄：铠甲，这里代指武士。③狙侩：商贾之人。④厮养：指仆役。

译文

让一身世俗的妓女翻阅经书，让清心寡欲的老僧人酿造美酒，让手无缚鸡之力的书生来谈论兵书，让胸无点墨的武士来登高作赋，我羡慕他们身上增添了不少的雅致；让屠户吃素餐，让满是铜臭味的商人来谈论文章，让仆人穿上华丽的衣裳，让隐居山林的隐士去拜见权贵，我感到他们身上的风流减少了很多。

原文

高卧酒楼，红日不催诗[①]梦醒；漫书花榭。白云恒[②]带墨痕香。

注释

①诗：这里指诗人。②恒：常常。

译文

诗人在酒楼上高高地躺着，刚刚升起来的红日也不急于去把他从睡梦中催醒；在花榭中慢慢地散着步子，想着题什么字，悠悠飘荡的白云时常带着墨香。

原文

相[①]美人如相花，贵清艳而有若远若近之思[②]；看高人如看竹，贵潇洒而有不密不疏之致[③]。

注释

①相：观看。②思：意味。③致：韵致。

译文

欣赏美人就好比看名贵的花一样，她们的可贵之处就是淡雅艳丽，从而有一种或远或近的意味；观看品德高的人，就好比看一丛翠绿的竹子一样，他们的可贵之处在于他们身上的那份潇洒飘逸，有着不密不疏的韵致。

原文

梅称清绝，多却罗浮一段妖魂①；竹本萧疏，不耐②湘妃数点愁泪。

注释

①罗浮一段妖魂：隋文帝开皇年间，赵师雄迁到罗浮，正好天色已晚，天气寒冷，他又喝醉了酒，于是躺在松林酒店旁，梦见和一个女子一起进了酒家，相谈得很高兴。等到第二天醒来的时候，发现自己在梅树下面。②耐：忍耐。

译文

梅花的著名是因为它的清绝，因此才有了罗浮山那段关于妖魂的故事；竹子的生性本来就是萧疏孤傲的，所以才会有湘妃落下的忧愁的眼泪。

原文

一片秋色，能疗①客病；半声春鸟，偏唤愁人②。

注释

①疗：治疗。②愁人：忧愁的人。

译文

一片寂寥的秋色，足以医治生病的客人的愁思；半声春鸟的鸣叫，恰恰把忧愁的人的思绪唤醒了。

原文

云落寒潭，涤[①]尘容于水镜；月流深谷，拭淡黛[②]于山妆。

注释

①涤：洗刷。②黛：眉黛。

译文

笼罩在清凉潭水上的烟雾散去后，平静的潭水，澄澈得就像一面镜子一样，可以用来冲洗满是尘俗的脸；月色随着涧水流到幽深的山谷里，让山水看起来也好像是披上了一层粉妆，可以把眉黛擦拭掉。

原文

寻芳者追[①]深径之兰，识韵者穷[②]深山之竹。

注释

①追：追寻。②穷：穷尽。

译文

找寻芳草踪迹的人寻求长在深山幽径旁边的兰花，但是真正懂得韵致的人却看遍深山、深谷中的翠绿的竹子。

原文

花间雨过，蜂粘几片蔷薇；柳下童归，香散数茎簷葡[1]。

注释

①簷葡：古植物名，产西域，花甚香。一说即栀子花。

译文

有的蜜蜂被粘在刚刚下完雨的花丛中的蔷薇花上；有个孩子从柳荫边回来，把从外面带来的满身花香散落在几棵簷葡上面。

原文

野筑郊居，绰[1]有规制；茅亭草舍，棘垣[2]竹篱，构列无方[3]，淡宕如画，花间红白，树无行款。徜徉[4]洒落，何异仙居？

注释

①绰：宽绰。②垣：墙。③方：规则。④徜徉：无拘无束地散步。

译文

在野外建筑的别墅中居住，房间宽绰有一定的规则。至于用茅草搭建的亭子和用杂草搭盖的房舍，用荆棘编成的院墙和用竹子编成的篱笆，可以随心所欲地排列摆放，错落有致，完全可以达到淡雅如画的效果。种的花红白相间，栽种的树木杂乱无章，漫步在树林中，可以随心所欲，无拘无束，这和神仙住的地方有什么不一样呢？

原文

墨池寒欲结[1]，冰分笔上之花；炉篆[2]气初浮，不散[3]帘前之雾。

注释

①结：结冰。②炉篆：燃香的香炉。③散：吹散。

译文

墨池因为天冷了要结冰，冰凌把笔下生花的文字分开了；香炉上冒出来缕缕缭绕的烟雾，还是不能够把竹帘前的雾霭冲散。

原文

问人情何似？曰：野水多于地，春山半是云。问世事何似？曰：马上悬壶浆①，刀头分顿②肉。

注释

①浆：这里指酒。②顿：切割。

译文

要问到底人与人之间的感情是什么？可以这样回答：在田野里，水比土地要多，春天里的青山一半被云雾遮掩着。要问世事到底是什么东西？可以这样回答：在马上挂着酒壶，用刀把肉割开来吃。

原文

尘情一破，便同鸡犬为仙；世法①相拘，何异鹤鹅作阵②？

注释

①世法：世俗的规矩、法则。②作阵：拘束、做作。

译文

人一旦打破了尘世的情缘，就可以和鸡犬一起升天成仙了；世人受到世俗的罗网的束缚，人和鹤、鹅列阵那样拘束、做作又有什么区别呢？

原文

与客到，金樽醉来一榻，岂独客去[1]为佳？有人知玉律，回车三调[2]，何必相识乃再[3]？笑元亮[4]之逐客何迂，羡子猷[5]之高情可赏。

注释

①去：使……离开。②三调：多首曲子。③再：结交。④元亮：即陶渊明，字元亮，东晋著名的诗人。⑤子猷：东晋的王徽之，字子猷。

译文

客人到来了，和他们一起推杯换盏，酒醉后大家躺在床榻上，难道只有客人喝醉了回去才是尽兴吗？有人很精通音律，就调转车头下车，弹上几曲，知音一定是相识的人吗？因此，可以知道陶渊明在喝醉的时候把客人逐走是何等的迂腐啊，王徽之高雅的情操是多么值得赞赏啊。

原文

高士岂尽无染[1]，莲为君子，亦自出于污泥；丈夫但[2]论操持，竹作正人，何妨犯[3]以霜雪？

注释

①染：指世俗的污染。②但：只，仅仅。③犯：冒犯，指顶风冒雪。

译文

难道高雅的世人都能完全脱离开世俗吗？莲花可以称得上是花中的君子，但是莲花也是从淤泥中长出来的；大丈夫只要有情操，竹子号称直节正人，即使受到霜雪的侵害又有何妨呢？

原文

因[1]花索句，胜他牍奏三千；为鹤谋[2]粮，赢[3]我田耕二顷。